基于深度学习的
中文商品评论情感分析研究

闫晓妍　著

U0337569

中国矿业大学出版社
·徐州·

图书在版编目(C I P)数据

基于深度学习的中文商品评论情感分析研究 / 闫晓妍著. —徐州：中国矿业大学出版社，2022.5

ISBN 978 - 7 - 5646 - 5379 - 8

Ⅰ．①基… Ⅱ．①闫… Ⅲ．①自然语言处理 Ⅳ.①TP391

中国版本图书馆 CIP 数据核字(2022)第 073682 号

书　　名	基于深度学习的中文商品评论情感分析研究
著　　者	闫晓妍
责任编辑	褚建萍
出版发行	中国矿业大学出版社有限责任公司
	(江苏省徐州市解放南路　邮编 221008)
营销热线	(0516)83884103　83885105
出版服务	(0516)83995789　83884920
网　　址	http://www.cumtp.com　**E-mail**：cumtpvip@cumtp.com
印　　刷	江苏凤凰数码印务有限公司
开　　本	787 mm×1092 mm　1/16　**印张** 7.5　**字数** 151 千字
版次印次	2022 年 5 月第 1 版　2022 年 5 月第 1 次印刷
定　　价	45.00 元

(图书出现印装质量问题，本社负责调换)

前　言

随着社交媒体和电子商务的迅速普及,用户在使用中产生了大量社交媒体文本和在线评论数据。分析和挖掘这些评论文本,可以为政府、企业、消费者提供全面而科学的决策依据,因而在线评论的情感分析受到工业界和学术界的广泛关注。针对中文在线评论的特点,本书运用知识图谱、依存句法分析、深度学习等技术,围绕句子级情感分析和方面级情感分析,探索了在深度学习模型中融合情感知识图谱、句法依存关系、序列化标注等不同信息的情感分析方法。本书研究的主要内容包括:

(1)融合情感知识图谱和深度学习的句子级情感分析方法。本书首先以汽车评论为例,分析了中文在线评论的特点。针对评论文本存在大量网络用语、评价对象缺省、隐式情感表达、情感词的极性随方面词改变等问题,本书提出了构建情感知识图谱的方法,构建了"观点词——评价对象——情感极性"情感知识三元组,不同于以往的实体关系三元组。BERT 和 ERNIE 等预训练模型在自然语言处理任务中取得了巨大成就,但深度学习模型缺乏特定领域的知识。知识图谱具有较高的实体/概念覆盖率和较强的语义表达能力,可以增强模型的语义表示。本书提出了一种结合情感分析知识和深度学习的 SAKG-BERT 情感分析方法,将知识图谱中的三元组作为领域知识嵌入句子中,实验结果证实了SAKG-BERT 方法在中文句子级情感分析任务上的有效性。

(2)基于 AOCP 标注体系的方面级情感分析方法。本书针对方面级情感分析任务,提出了 AOCP 标注体系,与 BIESO 标注体系不同。AOCP 标注体系标注了方面词 A、观点词 O、方面类目 C 以及情感极性 P,构建了一个中文方面级情感分析语料库,并使用 AOCP 进行序列化标注,选择 BERT＋CRF 模型在语料库上实现了端到端的方面级情感分析方法。方面级情感分析一般采用管道方式,首先抽取方面词、观点词,然后将方面词、情感词作为输入,进行方面情感分类、三元组提取等任务。分阶段进行方面级情感分析,目标函数不同,彼此不能有效共享知识、参数,容易造成错误的累加效应。在端到端的方面级情感分析训练过程中,多任务目标方程一致,知识共享,参数共享有效提高了细粒度情感分析模型的效果。

(3)融合句法依存关系和图注意力网络的方面级情感分析方法。目前基于循环神经网络和注意力机制的方面级情感分析模型将句子看作序列，没有充分利用词性、句法依存关系等上下文句法信息。为了准确匹配方面词和观点词，本书提出以观点词为中心构建句法关系子图，利用图注意力网络模型实现方面级情感分类任务，并首次在中文评论上进行实验，实验结果证实了模型的有效性。

（4）在线评论情感分析在电商问答系统中的应用。电商问答系统上包含大量关于商品评论的提问，本书主要研究情感分析在电商问答系统的作用，通过对电商评论数据进行细粒度情感分析，构建评论情感知识图谱，实现了基于评论情感知识图谱的问答。与传统信息检索不同，基于情感分析知识图谱的问答系统，通过语义分析，反馈最接近用户提问需求的答案，实现了语义理解和知识检索。基于情感分析知识图谱的问答试图打破信息壁垒、鸿沟，解决了电商问答系统回答不及时、不能满足客户需求和电商问答系统海量用户评价数据之间的矛盾，提高了电商问答系统的顾客满意度，改善了消费者体验。

本书的撰写参考了大量的国内外研究成果，这些研究成果是本书的研究基础，在此对研究人员表示衷心的感谢！在本书的编写过程中，作者得到了华中师范大学博士生导师何婷婷教授和加拿大约克大学博士生导师黄湘冀教授多方面的指导与帮助，何婷婷教授在百忙之中认真细致地审阅了全部书稿，并提出了建设性的指导意见，在此向何婷婷教授和黄湘冀教授表示衷心的感谢！

自然语言处理技术发展迅速，涉及的技术、理论均有大量问题亟待进一步深入研究。由于作者学识有限，书中不妥之处在所难免，敬请同行专家和读者批评指正，将不胜感激。

河南城建学院

2022 年 4 月于河南城建学院

目　　录

1　绪论 ……………………………………………………………… 1

　1.1　研究背景与意义 ………………………………………… 1

　　1.1.1　研究背景 ………………………………………… 1

　　1.1.2　研究意义 ………………………………………… 6

　1.2　国内外研究综述 ………………………………………… 8

　　1.2.1　在线评论的相关研究 …………………………… 8

　　1.2.2　情感分析的相关研究 …………………………… 10

　　1.2.3　问题的提出 ……………………………………… 16

　1.3　研究内容与研究方法 …………………………………… 18

　　1.3.1　研究内容 ………………………………………… 18

　　1.3.2　研究方法 ………………………………………… 20

　1.4　研究的主要创新点 ……………………………………… 22

2　相关研究和技术 ………………………………………………… 24

　2.1　深度学习的常用模型 …………………………………… 24

　　2.1.1　长短期记忆网络 ………………………………… 24

　　2.1.2　门控循环神经网络 ……………………………… 26

　　2.1.3　注意力机制 ……………………………………… 27

　　2.1.4　图神经网络 ……………………………………… 29

　　2.1.5　BERT 预训练模型 ……………………………… 29

　2.2　情感分析常用的数据集和词典 ………………………… 31

　　2.2.1　情感分析数据集 ………………………………… 31

　　2.2.2　情感词典 ………………………………………… 33

　2.3　知识图谱的相关研究 …………………………………… 34

　2.4　本章小结 ………………………………………………… 38

3　基于 SAKG-BERT 的中文评论句子级情感分析 ……………… 39

　3.1　引言 ……………………………………………………… 39

3.2 任务定义 ·· 40

3.3 情感知识图谱 SAKG 的构建 ······················ 41

3.4 SAKG-BERT 模型 ···································· 45

    3.4.1 输入层 ·· 45

    3.4.2 知识嵌入层 ···································· 46

    3.4.3 句子表示层 ···································· 46

    3.4.4 编码层 ·· 47

    3.4.5 输出层 ·· 48

3.5 实验与结果分析 ···································· 48

    3.5.1 数据集 ·· 48

    3.5.2 实验基线模型 ································· 50

    3.5.3 参数设置 ······································ 51

    3.5.4 实验结果分析 ································· 53

3.6 本章小结 ·· 60

4 基于 AOCP 标注体系的端到端细粒度情感分析 ········ 61

4.1 引言 ··· 61

4.2 任务定义 ·· 62

4.3 相关工作 ·· 64

4.4 AOCP 标注体系 ···································· 65

    4.4.1 方面词和观点词的标注 ··················· 66

    4.4.2 情感极性的标注 ···························· 66

    4.4.3 方面词和观点词的匹配 ··················· 66

4.5 基于 BERT+CRF 的序列标注模型 ············· 67

4.6 实验与结果分析 ···································· 70

    4.6.1 中文细粒度情感分析语料库的构建 ······ 70

    4.6.2 实验基线 ······································ 71

    4.6.3 使用 AOCP 进行序列标注 ··············· 72

    4.6.4 实验参数及评价指标 ······················ 72

    4.6.5 实验结果及分析 ···························· 73

4.7 本章小结 ·· 76

5 基于 OSD-GAT 的在线评论方面级情感分析 ········· 77

5.1 引言 ··· 77

5.2 相关研究 ·· 78

5.3 基于 OSD-GAT 情感分析模型 ·················· 80

    5.3.1 构建句子关系图 ···························· 80

    5.3.2 构建以观点词为中心的关系子图 ········ 83

    5.3.3 图注意力网络 ································ 84

5.4 实验与结果分析 ·· 85

    5.4.1 实验数据及数据处理 ······················ 85

    5.4.2 实验参数设置 ································ 87

    5.4.3 实验结果 ····································· 87

5.5 本章小结 ·· 88

6 情感分析在电商问答系统中的应用 ················ 89

6.1 引言 ·· 89

6.2 基于情感分析的问答系统 ···························· 90

6.3 系统架构 ·· 91

    6.3.1 问题分类器 ·································· 92

    6.3.2 问答知识图谱的建立 ······················ 93

    6.3.3 问句分析 ····································· 94

    6.3.4 实体链接 ····································· 95

    6.3.5 答案生成 ····································· 96

6.4 本章小结 ·· 97

7 结论 ·· 99

参考文献 ··· 101

1 绪 论

1.1 研究背景与意义

1.1.1 研究背景

信息技术的迅猛发展,网民数量日益激增,移动互联网通信技术的发展使得上网更加便捷高效。根据 2022 年 2 月 25 日,中国互联网络信息中心(CNNIC)在京发布的第 49 次《中国互联网络发展状况统计报告》显示,截至 2021 年 12 月,我国网民数量达到 10.32 亿,互联网普及率达到 73.0%,形成了全球最为庞大的数字社会[1]。如图 1-1 所示,在线购物用户规模及使用率呈逐年上涨趋势。随着 Web 2.0 的兴起,互联网已由少数门户网站掌控的网络信息传播方式,演变为自下而上、内容为王的普通用户"全民织网"的双向信息传播方式,庞大的网民规模成为推动我国经济高质量发展的内生动力。

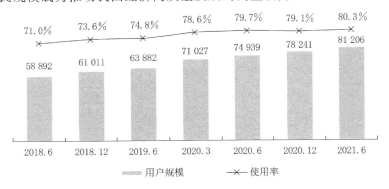

图 1-1　在线购物用户规模及使用率(2018—2021)

情感分析(sentiment analysis)又称观点挖掘(opinion mining),是对文本发布者的观点、态度的情感倾向划分,通过对文本的主观性信息(如观点、评价、立场、态度)进行抽取、识别、分类、归纳和推理,根据文本所表达的语义和情感信息将文本划分成积极的情感和消极的情感。随着社交媒体、电子商务的飞速发展,海量的用户在线评论信息不断出现,对这些内容丰富、形式不一的信息进行观点挖掘和情感分析已经成为产业界的迫切需求。由于移动互联网、云计算、物联网、人工智能等技术的推动,互联网＋的逐渐兴起,以大数据和云计算为基础,利用信息通信技术实现传统产业的升级,大量的企业采用了线上线下(O2O)这种新的商务模式,数字应用服务不断丰富,以移动互联网为代表的社交媒体即时通信(如微博、微信、钉钉、Twitter、Facebook 等,电子商务平台阿里巴巴、京东、Amazon、苏宁易购等),以及各种垂直领域服务平台(如美团、饿了吗、携程、豆瓣、滴滴出行、安居客等)如雨后春笋般涌现,为人们的衣食住行各方面提供了全方位服务。丰富的数字应用和便捷的用户体验,带来了更多的网络用户,互联网上涌现了海量的关于新闻时政、热点事件、公众人物、在线产品服务等各种用户评论。网民不仅是信息的获取者,同时也是新闻事件的观点态度、商品服务的质量评价等信息的提供者。图 1-2 展示了消费者对某汽车产品的评价,中间右侧是用户对产品的评论,既有"空间比较合适""动力也不错""颜色也是我比较喜欢的"等主观评价,也有"综合油耗 6.9""办完了 26W"等客观描述。左侧是用户对空间、动力、操控、油耗等产品不同方面的打分,上面部分是对该产品(车型)全部评论的频次统计,如认为"动力够用"的评论有 592 条,认为"车内隔音效果不好"的评论有 142 条。

图 1-2　用户对某品牌汽车的评论

近年来,社交媒体在信息传播中发挥了日益重要的作用,越来越多的用户使用微博、博客、社区网站等社交媒体发表自己的观点、情感、诉求,社交媒体中产生了海量的异构数据,这些信息表达了人们对商品或服务的观点、态度和情感倾向。社交网络的普及彻底改变了整个社会及每个人的生活,从中衍生出了两个重要的研究领域:社交网络分析和情感分析。管理学研究者从 20 世纪四五十年代就开始研究社交网络的主体及这些主体在社交网络中的行为特征,社交媒体平台的蓬勃发展促使针对这一问题的研究有了爆炸式增长。

海量的文本、音频、视频等多模态信息给用户带来了视觉和听觉冲击的同时,也让人们陷入了信息爆炸的困境,给文本的观点挖掘和情感分析带来了诸多挑战。以电商平台为例,数据包括商品描述文本、图片、视频展示详情,第三方评测数据,新闻或推广网页,商品评论、评分数据,用户行为数据(如用户点击、收藏、购物车数据、购买数据)等。在电商平台内部,用户的点击、收藏、购物车数据都是能够创造价值的数据"矿山",具有商业敏感性,用户注册信息如年龄、手机、购买商品、收货地址等信息涉及个人隐私,未经允许不能公开。在大数据环境下,想要了解用户对商品的评价、描述信息,人工方式获取费时费力,工作量、成本巨大,不适合大规模的工业应用,因此,自动化分析成为必然趋势,文本情感分析近年来备受关注,学术界和工业界都进行了大量的研究。美国伊利诺伊大学的 Liu Bing 等研究开发了 Opinion Observer 评论分析系统;NEC 美国研究所研究并开发了 Review Seer 系统。在国内,研究团队也进行了大量的探索。上海交通大学的姚天妨团队开发了用于汽车销售的意见挖掘系统[2];哈尔滨工业大学研发的基于微博的"八维社会时空"(图 1-3),可绘制出全国各个地区的情绪地图、饮食地图,同时还能够针对某部热门电影进行票房预测等[3]。

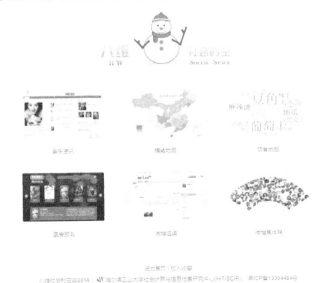

图 1-3　HIT-SCIR"八维社会时空"

《心理学大辞典》中定义:"情感是人对客观事物是否满足自己的需要而产生

的态度体验"。马文·明斯基(Marvin Minsky)(人工智能之父)于1985年在 *The Society of Mind* 中指出,问题不在于智能机器能否拥有某种情感,而在于机器实现智能时怎么能够没有情感。

基于信号理论的研究认为,电子商务的发生过程存在信息不对称,购买者无法通过感官来直观地观察、接触、试用产品,来自先前购买者的在线评论成为传递产品相关信息信号,并且这种信号比厂家、销售提供的信号更为可信。研究者在调查中发现,有98%的被调查者表示在购物时会参考在线评论,58%的在线购物者倾向于选择提供在线评论的购物平台。基于社会影响理论的研究认为,人们之间除了传播信息还有一致性影响,即购买者更倾向于和大部分人保持一致,其中一个重要原因是能够降低消费风险,同时早期消费者的评价也会对后来消费者的购买行为和评价产生影响。

从消费心理学角度出发,消费者在浏览商品评论时,毋庸置疑会受到其他购买者商品评论中情感倾向的影响,进而产生同理心,而这种感受必然会影响消费者的购买决策。商品口碑通过知晓效应和说服效应来影响消费者购买决策,并逐步影响商品和服务的销量。说服效应是人们生活中普遍存在的一种现象,在政治选举、商业广告、个人消费等领域都有重要影响[4]。池建宇等以电影评分和评分人数作为口碑效应和数量信息进行实证分析,发现网络口碑主要通过知晓效应来影响票房收入[5]。

情感倾向和观点态度进一步影响着人们的行为,在线评论的情感分析和观点挖掘对于客户行为预测并做出针对性决策有重要意义,在线评论的情感分析已成为信息管理、计算语言学、人工智能等多个学科的研究热点,日益受到学术界和工业界的共同关注。文本情感分析可广泛被用于商业智能、舆情监测、智慧教育、信息检索、人工智能等多个领域,同时具备巨大的应用价值。

(1) 商业智能

企业通过在线评论的情感分析,了解消费者对产品及服务及细粒度功能属性的偏好,为企业优化产品设计、制定营销策略、实施质量管控提供决策依据,对提高企业竞争力有重要意义。截至2021年12月,网络购物用户规模达8.42亿,占网民整体的81.6%,在购物、物流、服务、医疗、教育等领域的数字应用不断丰富。在淘宝、京东、Amazon等电子商务平台上有海量的用户对产品及服务进行评论,这对于电子商务平台进行个性化推荐是不可或缺的资源,在汽车、电影评论、图书、旅游等垂直网站上也凝聚了大量的口碑数据。研究者采集这些评论数据通过情感分析,预测电影票房、预测股市行情。由于在线评论获得成本低,时效性强,网络的匿名性也在一定程度上保证了用户的意见和诉求更为真实和丰富,企业针对产品在线评论的分析日渐取代了传统的电话回访和问卷调查方式。

如"房天下"向购房者和开发商直观展示楼盘的用户口碑情况,并对好评楼盘置顶推荐。

（2）舆情监测

对于政府和组织而言,分析公众的意见、态度（即情感倾向）有助于了解公众意向和社会舆情,及时采取相应措施,有效引导社会舆论、化解矛盾、危机。网民在微博、微信等社交媒体发表对公共热点事件的见解,对事件进行直播,自媒体时代涌现出大量意见领袖,是公民意识和社会民主进步的表现。公共突发事件对社会稳定、国家安全和民众生活都具有重大影响,在代表官方意见的主流媒体发声之前,网络中存在着关于事情的不同声音,在舆情扩散阶段,越来越多的网民参与到讨论中来,通过点赞、评论、转发、分享等方式关注事件,使事件的影响持续发酵。网络舆情具有虚实互动性,甚至对责任机构产生倒逼作用,网民发表帖子的情感倾向对于事件的演化有着重要影响。因此及时地分析获取舆情的情感倾向至关重要,以便相关部门有针对性解决群众关心的社会热点问题,在传播过程中积极采取各种措施科学引导,有效应对各阶段可能产生的各种问题。一些西方研究者通过挖掘选民的 Twitter,分析竞选者的情感倾向,以此来预测竞选者获胜的概率[6-7]。

（3）智慧教育

情感分析可以帮助教师以生为本,回归到教育服务的本质,将更多精力投入到教学互动中的学情关注、人文关怀中。在数字化环境下通过采集生物、心理、面部表情、在线评论等多模态数据对学习者进行情感建模,学习过程中可能由于学习任务的难度和挑战性不同、学习者自身学习能力的差异,产生高兴、悲伤、焦虑、沮丧、厌倦等不同的情感。通过记录学习者听讲、书写、低头等行为判断课堂专注度;基于情感分类进行消极情绪个体识别,有助于及时调整教学策略,干预学习过程;基于时序的情感-主题联合建模可以准确挖掘不同时间段学习者关注的话题,分析不同学业成就组的情绪-主题演化,研究学习者的学习机制[8]。

（4）信息检索

传统信息检索通常简单反馈相关网页或文档的排序,基于情感分析的信息检索,在对相关信息进行情感分析、观点挖掘的基础上,针对用户提问,反馈相关知识信息。根据用户提交的查询请求,对用户提问进行解析,对相关信息进行情感分类,将满足用户情感需求的结果反馈给用户。如"昂科威的操控性怎么样""这款羊毛衫穿了起球吗""《长津湖》这部影片怎么样"。

（5）人工智能

人工智能的发展加快了问答系统和机器人对话的研究,运用机器学习算法的生成式对话发展迅速。一些智能软件和产品如苹果 siri、天猫精灵、小米音箱深入人们的生活,如何使机器人能够像人类一样识别情感,有针对性地与人对话聊天,是目前人工智能领域研究的热点问题之一。日本软件银行集团的 Pepper 机器人能够通过对用户面部表情、肢体语言和文本的情感分析,选择恰当的方式与用户交流。合肥工业大学情感计算与先进智能机器研究室研制的情感机器人,由于搭载了情感语义计算系统,除了能自己表达丰富情感外,还能精确捕捉人类的开心、惊讶、生气、悲伤等情绪,使机器人能够"察言观色"进而为下一步行动提供判断。

情感分析根据情感的倾向性可分为积极和消极二元分类,或者正向、负向和中性三元分类,其中中性指文本没有明显的情感倾向,或者多分类,例如评论中的分值 1～5,不仅可以描述情感的倾向性,还可以描述情感倾向的等级。谭荧等对社交网络情境下的情感分析进行了分类,总结了包括情感分类、情绪分类、主观检测、意见摘要、讽刺与反讽识别、多模态情感分析等十几种情感分析任务[9]。按照情感分析文本粒度的不同,情感分析可分为三个研究层次:方面级情感分析(aspect-level sentiment analysis)、句子级情感分析(sentence-level sentiment analysis)和篇章级情感分析(document-level sentiment analysis)。细粒度情感分析是当前研究的热点,基于特征的细粒度情感分析可以满足商家和用户了解商品特定属性的褒贬评价态度,从而影响消费者对商品的购买决策和商家对产品的升级、新产品开发。

1.1.2 研究意义

情感分析是信息科学、人工智能、计算语言学及管理科学等多学科交叉融合的新兴领域。情感分析在商业智能、社会舆情、信息检索和问答系统等各方面都有广泛应用。针对情感分析的研究不仅能够提高自然语言处理的水平,同时对推进管理学、政治学、经济学乃至与消费者评价信息、大众观点信息相关的所有领域的研究发展,都有重要意义[10]。

(1) 在线评论情感分析研究的理论意义

① 研究课题具有跨学科和多学科交叉融合的特性,综合运用各学科不同的理论、模型和方法,以保证研究的深入开展。具体来说,认知学习理论把情感与知觉、学习、记忆、言语等经典认知过程相提并论,情感分析研究就是在人机交互过程中,创建一种捕捉关键信息,感知、识别和响应用户的情感状态的信息系统。心理学研究认为情感是人与环境之间某种关系的维持或改变,客观事物或情境与人的需要和愿望相符会引起人积极的情感,反之则会引起人消极的情感。本书从心理学和认知科学理论出发,运用自然语言处理和深度学习的模型方法,充分挖掘在线评论文本中的隐式情感,打破了传统文本情感分析对情感词典的

依赖。

②　本书提出的 SAKG-BERT 模型融合了情感知识和深度学习模型,研究了深度学习模型与知识融合的方式,提高了情感分析模型的准确率和语义表达能力,在一定程度上拓展了文本情感分析的研究视角和研究方法。基于深度学习的情感分析模型通过大量语料的训练,准确率有了很大提升,但是模型被视为"黑箱子",模型的可解释性不高,模型的语义表达能力不足。人类的认知过程离不开学习,认知学习理论的"认知同化"说认为,新知识的学习必须以已有的认知结构为基础。学习新知识的过程,就是学习者积极主动地从自己已有的认知结构中,提取与新知识最有联系的旧知识,并加以整合的一个动态过程。"有意义的学习"指的是语言文字或者符号所表述的新知识能够与学习者认知结构中已有的旧知识建立一种实质的、非人为的联系。因此,将原有的情感词、评价词等情感知识进行抽取、整合,构建情感知识图谱,在深度学习模型中融入情感分析知识,更符合人类的认知学习过程,增强了情感分析模型的语义表达能力,是对深度学习研究的扩展。

③　针对细粒度情感分析任务,提出了序列化标注体系 AOCP,实现了端到端的细粒度情感分析。从系统论入手,系统论追求整体最优而非局部最优。目前对于细粒度情感分析的研究大多只关注单一任务,或者分阶段学习。端到端模型基于共享表示,多个任务使用相同的模型算法和目标函数,共享知识和模型训练参数,可以借助相关任务来提高任务的整体性能。

④　情感分析模型方法的研究,进一步丰富和拓展了社交媒体的研究成果。社交媒体是人们分享观点、意见、表达丰富情感或者情绪的工具和平台,社交媒体的特点之一就是大量用户自发贡献内容。对社交媒体用户贡献内容的分析,就是以情感分析为核心的数据分析,从社交媒体中挖掘用户的观点、意见、经验、关注的热点问题,文本情感分析自然成为社交媒体研究的核心问题之一。

（2）在线评论情感分析的实践意义

①　对在线评论情感分析模型的研究,提高了中文情感分析的准确率,对商业智能领域的市场分析、客户关系管理有重要意义。对于企业而言,收集用户对商品的评价,不需要像以往那样进行电话回访或者问卷调查,在线零售市场规模庞大,如何有效利用这些海量数据,是一个重要的研究课题。对用户的在线评论进行情感分析,及时获得最真实的用户意见及偏好,对优化产品设计、管控产品质量、发现潜在用户、提高顾客满意度、提升产品竞争力都有重要意义。

②　对于消费者而言,本书提出的基于在线评论情感分析的电商问答系统,可以帮助消费者及时获取个性化信息需求,基于在线评论的情感分析提高了消费者获取商品信息的真实度。在线购物不能直接接触商品,只能通过商家描述

信息或者商品评论来了解商品，真实有效的商品信息是确保线上购物成功的重要因素，但是部分商品宣传信息存在夸大事实、避重就轻等现象，这也增加了消费者决策时的风险。信息的不对称性、海量评论"信息爆炸"的冲击是电子商务健康有序发展中不可忽视的问题。本书提出一种基于在线评论情感分析的问答系统，用于解决消费者在线购买决策过程中面临信息过载以及向已购买者提问却不能获得及时性回复的管理问题。

③ 本书提出了构建领域情感知识图谱的方法，将<情感词—评价对象—情感极性>作为情感知识三元组存储在知识图谱中，因在线评论中存在大量方面词缺省的现象，在构建情感知识图谱时，以情感词为中心来抽取知识三元组，不同于常见知识图谱中<头实体—关系—尾实体>或者<实体—属性—属性值>的知识表示方式，也不同于细粒度情感分析三元组<方面词—观点词—情感极性>，以方面词为中心。

文本情感分析的应用已经深入各个领域，从产品评价、影评书评、金融事件、法律文书分析到社会舆情检测追踪、在线医疗、智慧教育等社会生活的方方面面都有其用武之地。

1.2 国内外研究综述

1.2.1 在线评论的相关研究

在线评论(online customer review,OCR)通常是由消费者在电商平台或社交网络 App 发布的，关于产品或服务的评价、观点，是一种为促进用户交流、为潜在购买者提高决策支持的第三方评价[11]。在线评论的研究由来已久，本书以"在线评论"作为关键词在"中国知网"数据库进行检索，时间范围限定在 2017—2021 年，得到相关文献 1 100 篇，其中学术期刊 664 篇，博士学位论文 27 篇。按照主题划分，其中情感分析 70 篇，影响因素研究 56 篇，购买意愿 49 篇，在线评论有用性研究 29 篇，产品销量 22 篇。

(1) 在线评论的情感分析研究

对在线评论的情感分析研究包括在线评论情感分析在推荐系统、电子商务[12-13]、农业[14]、旅游[15-16]、众包服务商选择[17]、在线课程评价[18]、医院评分[19]等领域的应用。段恒鑫等基于在线评论情感分析和模糊认知图研究了产品差异化问题[20]。李佳儒等利用影评数据，根据点互信息算法拓展情感词典，通过对在线评论情感分析实现个性化推荐[21]。多模态情感分析通过视觉注意力指导在线评论的情感分析[22]。何玲玲将表达同一认知场景的情感词归纳为一个框架,并构建了一个基于框架语义的情感词典,提出了基于情感词典和语义规则的情感分析方法[23]。钱春琳等提出利用在线评论情感分析来改进推荐系统,缓解数据稀疏问题[24]。王和勇等对社交平台的中小企业评论文本进行情感分析,提出了基于投资者情绪指标和财务指标融合的信用评估方法,并通过对比实验证实了有效性[25]。

(2)在线评论的有用性研究

海量的在线评论会造成信息过载,给用户增加了信息获取的难度和成本,研究在线评论的有用性,有助于去伪存真。姚柏延从口碑传播动因理论出发,研究了用户特征与用户评价信息质量的关系,例如注册时间和会员等级不同对在线评论质量的影响[26]。吕心怡通过建立评论有用性指标体系,建立回归方程表示其内在组合关系[27]。李昂等基于信号传递理论,构建了在线评论有用性影响因素模型,发现了负面评论、评论文本字数及图片对信息有用性的影响[28]。游浚等研究了评价内容和评价者特征对在线评论有用性的影响,并通过实证研究将其分为正向影响、负向影响和无显著差异[29]。一些研究者还从评分不一致[30]、文本相似度[21]、信息采纳[32]、追加评论[33]等不同视角研究了在线评论的有用性。

(3)在线评论对消费者购买意愿的影响研究

网络购物由于信息的不对称,单纯依靠卖家提供的商品信息不能消除对商品质量的感知风险,在线评论这种电子口碑可以帮助消费者消除这种不确定性风险[34]。石文华等研究了潜在消费者向已购买者提问这种探究学习与在线评论对购买意愿的影响[35]。刁雅静等从社会影响理论的认同机制、内化机制出发,分析了朋友圈情境下社交行为对购买意愿的影响作用[36]。一些研究者关注了矛盾性复合型评论[37-38]、评论语言风格[39]、评论观点词[40]、视频评论[41]以及负面评论[42-43]等对购买意愿的影响。

(4)影响因素研究

韩玺等基于扎根理论对用户访谈资料进行开放性编码、主轴编码和选择性编码,得到用户认知、用户个体特征、医疗环境和医生特征等主范畴,构建了用户生成在线医评信息的影响因素[44]。廖光继从用户眼动行为探索在线环境中是否存在从众效应,研究发现正反评论对比呈现会影响被试者的从众性[45]。王海宇基于关联规则分析在线评论文本数据,研究了重复购买影响因素与重复购买行为之间的关系[46]。杜尚蓉根据 S-O-R 环境心理模型,研究了消费者情绪反应、在线评论与消费者个性特质对冲动性购买意愿的影响机理[47]。

(5)虚假评论的识别研究

叶子成等以用户相似度作为边的权重指标构造了用户相似度图,使用谱聚类算法检测出虚假评论群组[48]。陈立荣从商家操纵评论行为的博弈分析、虚假评论对消费者购买决策的影响、虚假评论对平台收益的影响等多个方面进行了研究，并提出了应对策略[49]。陈宇峰提出了一种 CNN-LSTM 模型与迁移学习结合的虚假评论检测方法[50]。魏瑾瑞等研究发现虚假评论与产品绩效之间存在倒 U 形关系，商家的操纵评论获益只是短期的[51]。周娅等研究了用户的习惯偏差指标和商家异常波动区间值对商品虚假评论识别的作用[52]。

综上所述，众多学者对在线评论的情感分析、在线评论的有用性、对消费者购买意愿的影响及虚假评论进行了深入、细致的研究。在线评论情感分析的研究具有重要的理论意义和实践意义，在线评论情感分析在农、工、商、医疗、文化旅游等各个行业应用非常广泛，为在线评论有用性、在线评论对消费者购买意愿的影响、虚假评论、推荐系统等研究提供了方法，拓宽了思路。现有研究没有融合情感知识图谱和深度学习模型对在线评论进行情感分析的研究，并且对在线评论文本特征如词性、句法依存关系的研究不多。

1.2.2　情感分析的相关研究

情感分类是信息检索、自然语言处理和人工智能的交叉研究领域，文本情感分类对于用户评论分析、热门话题追踪和社会舆情研判都有重要意义。以"情感分析/情感分类"作为关键词在中国知网检索到 2017—2021 年相关文献 6 075 篇，主题包含情感词典、深度学习、注意力机制、卷积神经网络、词向量等，论文 2017 年发表 738 篇，后逐年上升到年均 1 300 余篇，说明情感分析一直是研究热点问题。

为推动情感分析的研究，国内外学者组织了相应的会议和测评。TREC (text retrieval conference)设置了对博客的主观句检测任务、博客观点检索任务，还有篇章级情感分析的子任务。中文情感分析任务数据集有 NLPCC (2012、2013、2014)评测，吸引了工业界和学者的广泛参与。

（1）篇章级情感分析

早期研究主要关注篇章级文本情感分析，篇章级文本情感分类是最简单的情感分析任务，研究者使用基于词典的方法或统计机器学习的方法，对整篇文章的情感观点进行极性判断。在线评论通常是针对一种产品或服务进行评价，但博客或论坛则不一定，一篇博客可能对多个实体进行比较，观点态度也不尽相同。

篇章级情感分析方法包括传统的机器学习、规则、词典以及它们的混合等。基于统计机器学习的方法如 Bo Pang 等利用 SVM、最大熵和贝叶斯分类 3 种不同的方法在 IMDB 数据集上进行电影评论的情感分析，结果显示 SVM 的效果最好[53]。基于规则的情感分类方法如 P. Turney 提出了篇章级情感分类方法，他首先提取出来副词和形容词，通过计算抽取词与"excellent"与"poor"的点互信息（point mutual information，PMI）来判断情感极性[54]。基于词典的方法是情感词典包括了情感词和情感倾向及强度，情感分类结合情感程度词和否定词来计算每篇文档的情感得分[55]。如研究者将 Hownet、清华大学刘军中文褒贬义词典、NTUSD 台湾大学中文情感词典等 5 个情感分析词典按相似度合并，并用 PMI 对网络用语进行情感分类，以提高对中文微博情感分类的准确率[56]。一些学者结合了多种方法，如黄民烈等结合 LDA 主题模型和情感分析，提出了Denpendency-Sentiment-LDA 模型用于篇章级情感分析[57]。彭敏等基于词性规则提取股票研究报告中的"组合特征"，采用卡方统计方法进行特征提取，并通过支持向量机进行分类[58]。

（2）句子级情感分析

篇章级文本分析可以获知作者的情感极性，在大部分应用中用户还想获取更多的细节，如哪些句子表达了或者隐含了作者的观点，这些主观句表达的情感极性等，这就衍生出了句子的主客观分类和句子的情感分类两种任务。句子级情感分析以句子作为研究对象，可以看成是一个二分类或者三分类问题，众多学者在这一层面进行了大量研究。目前句子级情感分析采用的方法主要有基于统计机器学习的情感分析方法、基于语义的情感分析方法、基于本体和知识图谱的情感分析方法和基于深度学习的情感分析方法。

① 基于统计机器学习的情感分析方法。情感分析可以视为分类问题，因此统计机器学习的决策树模型、支持向量机、贝叶斯模型以及最大熵模型都适用于情感分析。L. Barbosa 和 J. Feng 针对 Twitter 的特征（retweets、hashtages、大写字母、表情符号等）及 SVM 对 Twitter 文本进行主客观分类[59]。潘艳茜等将微博和汽车评论两种数据结合来训练 SVM 分类器，实现自动识别微博中用户对各品牌汽车的评价观点句[60]。

② 基于语义的情感分析方法。X. H. Yu 等利用情感生成模型 S-PLSA，开发了基于情感和产品销售业绩的 ARSA 销售预测模型[61]。O. Araque 等通过计算与词典中词汇的语义相似度，提出了一种将语义相似性与词嵌入表示相结合的情感分类模型[62]。Y. Zhang 在情感分析中首先引入了在线评论的上下文信息，并提出了两种融合网络评论上下文的主题和情感分析模型 AEOT 和ARO[63]。聂卉提出了基于 Opinion_LDA 的用户观点自动聚类模型，同时利用依存句法和词法修饰关系对用户评价观点进行了量化，并以 4 款平板电脑的京东在线评论文本为数据来源进行实验[64]。彭云等提出了一种语义弱监督的主题模型 SWS-LDA，在 LDA 模型中嵌入词语关联、全局特征词及主题情感隶属

语义先验知识等,以提升中低频特征词和情感词的识别度[65]。崔雪莲等用PLSI 模型分析文本主题,利用情感词典计算主题-情感极性,提出一种基于主题相似性的无监督的情感分类模型,通过计算评论文本和理想评论集之间的主题相似度实现情感分类[66]。

③ 基于本体和知识图谱的情感分析方法。P. Yin 等为了解决在线产品评论口语化严重和语法不规范问题,提出一种基于领域本体的识别"特征观点对"评论挖掘模型,与其他基于统计的方法和基于语义的方法相比,性能有所提高[67]。Ma You 等基于 LDA 模型抽取社会媒体数据中的隐含主题,利用特征词序列和知识图谱实现对特定领域数据的抽取[68]。D. Meskele 提出了一种混合解决方案,利用领域本体和正则化注意力模型(ALDONAr)进行句子级情感分析[69]。张仰森等利用 HowNet 和大连理工大学的情感本体库构建了一个包含情感词、程度副词、否定词、微博表情符号和常用网络用语的微博情感符号库,采用双向 LSTM 和全连接网络,分别对微博文本和情感符号进行编码,采用注意力模型分别构建微博文本和情感符号的语义表示,并将两者进行语义合成,在NLPCC 微博情感测评的多个任务上,都超过了已知的模型[70]。由丽萍等基于框架语义理论建立细粒度的情感分类词典和语义角色分析模型,以手机商品为例,通过在线评论的情感语义标注构建情感知识图谱,实现情感知识的个性化知识检索[71]。

④ 基于深度学习的情感分析方法。近年来,深度学习一直是研究热点。J. Pavlopoulos 等提出深层注意力机制应用在用户评论分析中取得了比 RNN 更好的效果[72]。S. M. Rezaeinia 等为了提高预训练在情感分析中的准确率,提出了基于词法、词性标记、位置算法和 word2Vec/Glove 四种方法[73]。何炎祥等引入表情符号提出了 EMCNN 模型,采用多通道卷积神经网络进行有监督学习,EMCNN 在 NLPCC 微博情感评测数据集上的多个情感分类试验中,在所有性能指标上取得了较好的分类效果[74]。王文凯等在 CNN 中引入注意力机制以解决微博句子存在极性转移现象,利用树形结构的 LSTM 学习句子的结构特征并与 CNN 的池化层输出相融合组成最终的文本表示[75]。李丽双等提出一种基于动态注意力 DAGRU 的特定目标情感分析方法,能够有效获取上下文语义信息,在 SemEval 2014 的数据集 Laptop、Restaurant 上实验结果有显著提高[76]。BERT 是 google 于 2018 年 10 月提出的预训练模型,采用双向的 Transformer作为编码器,提出了 MLM 语言模型和 SLR 任务,在 11 个 NLP 任务上的表现刷新了纪录[77]。

句子级情感分析得到了广泛的研究。为了进一步提升句子级情感分类效果,一些研究者引入了外部信息如用户信息来考虑每个人的偏好和语言习惯,从而解决数据稀疏问题[78]。

（3）方面级情感分析

2010 年，T. T. Thet 等提出了方面级情感分析（aspect-based sentiment analysis，ABSA）的概念，并定义评论对象"方面"为实体的属性或组成部分[79]。Liu 提出情感分析的五元组：实体 e，方面 a，情感 s，观点持有者 h，时间 t。其中观点持有者是观点表达的主体，实体是评价的对象即客体，方面是实体的属性，情感一般包括正面、负面和中立等，时间是发表观点的时间。方面级情感分析是一种细粒度的情感分析。方面级情感分析从方面特征粒度上分析文本的情感分布。篇章级和句子级情感分析基于整篇文章和句子只包含一种情感的前提假设，但在实际场景中，商品评论文本在同一个句子中可能包含不同的商品属性或功能，如"这款车后排有很充足的空间，颜值特别高，动力输出还是挺平顺的，高速行驶油耗比较低，操控性一般，最不满意转向的时候有一点盲区。"用户对空间、外观、动力、油耗等方面均给出了正面评价，对操控给出了负面评价。细粒度情感分析的目的就是识别这些不同的产品特征属性及情感倾向。Bloom 等首次提出了情感评价单元（appraisal expression）的概念，将情感评价单元定义为三元组＜评价对象，情感词，评价来源＞。赵妍妍等将情感评价单元表示为二元组＜评价对象，情感词＞。

国际语义评测（international workshop on semantic evaluation）和国际自然语言处理与中文计算会议（international conference on natural language processing and chinese computing，NLPCC）组织多次情感分析评测任务。SemEval 2014、2015、2016 将 ABSA 任务作为其子任务，并提供了基准数据集。

如图 1-4 所示，方面级情感分析可以划分为如下子任务：方面词提取（aspect term extraction，ATE），即情感词评价的对象或者属性；观点词提取（opinion term extraction，OTE），即评价词，一般是形容词或动词；方面情感分类（aspect term polarity，ATP）对方面的情感极性进行判断，也是情感三元组提取的关键任务；方面类别检测（aspect category detection，ACD）是对方面词进行分类，这是一个多分类任务；情感三元组的提取（aspect sentiment tripled extraction，ASTE），通过对文本进行分析，获取其中的方面词、情感词和情感极性三元组，从 what、how 和 why 三个角度全面地分析句子情感极性[80]。其中方面词提取对应情感分类"是什么（what）"的问题，情感词提取对应情感分类"为什么（why）"的问题，方面情感分类对应情感分类"怎么样（how）"的问题。方面类别（aspect category）对评价实体的属性或组成部分进行分类。实体的属性或部件可以是句子汇总出现的名词、动词，也可以缺省，方面类别为隐式方面提供了方面信息的解决方案。

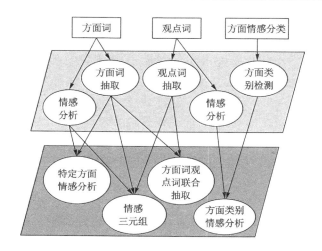

图 1-4　方面级情感分析的路线图

综上所述,ACD 是一个多分类问题,ATP 是一个二分类或三分类的情感预测问题,而 ATE 和 OTE 任务实质是信息抽取(information extraction,IE)。信息抽取是从结构化或者非结构化的文本中抽取特定任务所需的实体、关系、事件等信息,并形成结构化数据如知识三元组。信息抽取在商品评论中称为商品特征,在新闻评论中对应的任务是事件抽取。信息抽取关注的是细粒度的信息、知识,为进一步的信息检索、情感分析、问答系统等提供支持,文本信息抽取在竞争情报、医疗卫生、舆情监测、商业金融等领域得到广泛应用。

方面级情感分析按研究方法可分为基于规则的方面级情感分析、基于统计机器学习的方面级情感分析、基于深度学习的方面级情感分析和基于外部信息增益的方面级情感分析。

① 基于规则的方面级情感分析需要事先人工定义一些规则,使用正则表达式进行规则匹配,这种方法简单、易操作,不需要标注数据,但是抽取结果依赖于规则制定的准确性、覆盖面,因此基于规则的信息抽取方式往往会出现准确率高但召回率低的特点[81]。张伟等提出一种基于词性标注和规则相结合的信息抽取方法,对结果信息进行合规判断和冲突避免,为提高信息抽取的准确率,最后引入人工识别[82]。江腾蛟设计了基于语义角色与依存句法分析的评价对象—情感词对抽取规则[83]。

② 基于统计机器学习的方面级情感分析常用的模型有隐马尔可夫模型 HMM、最大熵模型、支持向量机 SVM、条件随机场 CRF 等。李昌兵等提出一种融合卡方统计和 TF-IDF 算法的短文本分类方法,在一定程度上解决了短文

本内容稀疏性的问题[84]。孙晓等针对商品评论中的情感要素抽取问题,通过引入语法树、依存句法关系,提出了基于条件随机场 CRFs 和支持向量机 VSM 的层叠模型,从商品评论中抽取"情感对象—情感词—情感倾向性"三元组,准确率达到 87.5%[85]。唐莉等针对特征词与情感词之间的长依存问题,提出一种基于 CRF 和 MHITS 算法的两阶段方法来提出产品特征—情感词对,利用 SBV、ATT、COO 三种依存句法关系的条件随机场对句子中的特征和情感词进行抽取[86]。

③ 基于深度学习的方面级情感分析方法。随着深度学习的发展,很多学者在循环神经网络 RNN 基础上研究了序列标注模型,如双向长短期记忆网络 Bi-LSTM 融合了句子内的上下文语义信息,可以更好地捕捉句子的长距离依赖关系;注意力机制 Attention 可以捕捉到对方面词的情感倾向起到决定性的少数几个词。业界实体抽取一般采用 LSTM＋CRF,并通过规则、领域词典来提升性能。尹久等提出的 ATT-DGRU 模型,注意力机制捕获每一个词与给定方面的关联程度,在中文酒店评论数据集上面准确率达到 91.53%[87]。滕磊等提出一种基于胶囊网络的模型 MADC,通过迁移模型将文档级别的特征和语义信息用于方面级情感分析中,并使用基于注意力机制和 Asp-Routing 和 Doc-Routing 动态路由方法,加强了情感分析的可信度[88]。J. Zhou 等对方面级情感分类(ASC)中最先进的基于深度学习的方法进行了调查,例如 Bi-LSTM、基于注意力的方面嵌入(GRUATAE－GRU)和动态记忆网络(DyMemNN),并在五个常用的评测数据集上进行了实验[89]。

④ 基于外部信息增益的方面级情感分析方法。这种方法依赖于语料库的规模和质量,通过维基百科、海量的网页等外部语料库来增强语义特征。对于有大量专业术语的特定领域、用语随意的社交网络文本,外部信息的选择对信息抽取的效果影响较大。Word2Vec 模型和 Glove 预训练语料库常作为特征表示工具进行词嵌入。如文献[90]使用 Word2Vec 进行产品评论特征词提取,在此之后的 ELMO 模型和 BERT 模型能够融合上下文语义信息和方面词特征表示,使得很多自然语言处理任务的效果得到了很大提高。小样本条件下,利用 BERT 可以更好地帮助我们解决低资源问题,如基于 BERT 等预训练模型的文本增强技术,与主动学习、领域自适应结合。余本功等提出了一种基于 BERT 的注意力门控卷积模型(BAGCNN),通过引入多头自注意力机制解决方面词长距离依赖问题[91]。以往的研究表明,通过依存句法分析可以有效提高细粒度情感分析的性能,BERT 预训练被提出之后,实验证实预训练也非常有效,有学者提出使用微调后的预训练模型,可以使模型获得足够有效信息[92]。唐杰提出了预训练框架 GLM 改进了预训练-微调一致性,提高了分类的准确性。

　　管理科学与工程领域的众多研究者也从多个视角对在线评论的情感分析进行了研究：杜亚楠基于关键词搜索和时间序列模型识别面向品牌形象的话题，通过建立表情符号词典，分别对个体和群体进行情感分析，分析品牌群体情感随时间的演化逻辑[93]。江腾蛟针对 Web 金融评论的特点，构建金融域情感词典、借助语义角色标注和句法分析，重点研究了隐式评价对象情感评价单元的抽取、奇异评价对象的判定和情感计算、数字百分比对情感值的影响[94]。彭云认为 LDA 主题模型在特征抽取中容易遗漏一些低频特征词，忽视了词语间的语义关系，提出对主题模型进行语义约束，基于此构建商品评论的细粒度特征词和情感词提取模型[95]。孙春华以在线评论和有用性投票作为实验数据，使用多元方差分析、回归分析等计量学方法分析了评论信息结构对消费者的影响，使用改进的 SO-PMI 方法判断词汇倾向性，使用基于规则的方法、上下文相似度计算和词语共现方法识别产品特征词之间的关系，并提出基于产品特征词关系识别的评论倾向性合成方法[96]。程佳军以深度学习作为基本理论，针对微博热点话题数据，研究了基于 RNN 和 CNN 的序列标记方法，面向实体进行情感分析，提出了公众实体情感民调基本框架；针对产品评论数据，研究了方面级情感分析的 ACD 和 ALSA 两个子任务，提出了层次化注意力网络（HEAT）模型[97]。刘丽娜提出了基于 OOC 模型的商品评论离散情感（discrete emotion）分析，并研究了离散情感的分布规律和品牌对销量的影响[98]。很多学者将离散情感称为情绪，从心理学角度研究识别人的情绪，并分析导致这种情绪产生的原因。Ekman 将情绪定义为 6 类：喜爱（love）、高兴（joy）、诧异（surprise）、愤怒（anger）、悲伤（sadness）和恐惧（fear）。

　　综上所述，情感分析作为自然语言处理中最具有挑战的任务之一，有很大的研究空间和广泛的应用价值。近年来，基于深度学习的方法逐渐成为情感分析的主流，不仅提高了传统情感分析任务如情感分类、情感信息抽取的效果，还促进了情感分析与其他领域的交叉融合，衍生出了对话情感任务、多模态情感分析任务等。细粒度情感分类仍是研究的热点，如细粒度情感分类的准确率、语义表达能力等关键问题。情感信息抽取从分阶段抽取逐渐发展到联合抽取，从而降低分阶段引起级联错误的影响。细粒度的情感分析研究目前主要的局限一是数据量小，人工标注成本高，中文细粒度情感分析的数据集很少；二是基于深度学习的细粒度情感分析没有充分利用词性、句法依存关系等上下文信息，管道模型的效率不高，容易造成误差传递。

1.2.3　问题的提出

　　社交媒体和电商平台出现了大量评价汽车、酒店、书籍、笔记本电脑等商品或服务的文本数据,用来表达用户对产品或服务的观点和看法,即在线商品评论。根据对文本情感分析国内外研究现状的调研、分析,发现当前在线商品评论的情感分析研究主要面临以下的问题和挑战:

(1)用户评论用语使用大量网络用语、观点词在不同方面的情感极性不一致

用户评论用语较随意。在线商品评论一般由商品的购买者,即真实用户来对商品或服务进行评价打分。由于不同用户的教育背景、语言风格、性格特点的差异,评论文本中存在大量的网络用语、隐式评价、别名,如汽车评论中"推背感十足""后排可以葛优躺""指哪打哪""颜兽""地球梦发动机";手机评论中"指纹收集器""果粉"。如何准确地捕捉用户的情感描述对在线商品评论的情感分析提出了挑战。

用户评论中表达的观点存在差异。商品评论的对象一般是商品的属性、功能或者商品的组成部件,不同领域商品的属性、组成部件有很大差异。① 评价对象的差异。用户对商品的评论对属性、功能、部件以及品牌、生产厂家的整体评价交织在一起,如汽车评论中"方向盘不重"既是对汽车部件方向盘的评价,也是对汽车"操控"这一属性的评价。② 情感极性的变化。同一观点词,对不同的方面进行评价,情感极性会有所差别。如"空间大"是正评,"风噪大"则是负评。③ 领域变化也会产生影响。手机评论中"声音大"是对手机功能的正评,汽车领域中发动机"声音大"则是对舒适性的负评,酒店评论中"声音大"是对酒店环境的负评。产品情感表达的差异性增加了在线商品评论情感分析的复杂度,跨领域的情感分析离不开商品特征本体知识。

(2)基于深度学习模型的情感分析方法缺乏情感分析知识

基于深度学习的情感分析模型是近年来的研究热点,但深度学习模型依赖大量人工标注的数据,模型训练对硬件的要求高,同时模型的语义表达能力又屡受诟病。深度学习的各种模型在解决情感分析问题上展示了其显著效果,尤其是 BERT 预训练模型,它的出现在 11 项自然语言处理任务上刷新了纪录。BERT 模型之所以能在众多任务上取得巨大提升,源于海量的预训练数据和超大的算力,因此个人几乎不可复制。BERT 模型可以作为组件来使用,只需根据下游任务进行微调,微调的代价要比预训练小很多,省去了从零开始训练语言处理模型所需的时间、精力和资源。如何提高情感分析深度学习模型的语义表达能力? 解释判断文本极性的依据,一些研究者也提出在深度学习模型中融入知识,但知识的选择机制是什么? 增加知识的数量是多多益善吗?

(3)细粒度情感分析的管道模型效率不高,容易造成误差传递

现有细粒度情感分析的模型多采用管道模型,首先提取方面词或观点词,然

后将抽取到的方面词、观点词配对，在此基础上进行方面级情感分析。使用多步骤、多模型解决一个复杂任务的时候，由于各个模块训练目标不一致，这样训练出来的系统很难最终达到最优的性能，存在明显的不足就是前一模块产生的偏差会影响后一个模块，造成误差的传递和累积。

细粒度情感分析研究的子任务有很多，很多研究只是对其中的一个或几个子任务进行建模，这些子任务之间存在着紧密联系，这种联系可能是知识，也可能是模型参数。单独进行其中一种或者几种子任务势必会遗漏子任务之间的联系，如何构建一种方法或者体系能够实现细粒度的端到端学习是一个值得思考的问题。

（4）中文情感分析的公开数据集不多、人工标注不够完善

文献调研发现，目前细粒度情感分析的研究绝大部分在英文情感分析数据集上进行，如 SemEval2014、2015、2016，Twitter 数据集，其他的公开数据集还有 Mitchell、SentiHood、MPQA、IMDB、SST。中文情感分析数据集主要有：ChnSentiCorp、weibo_senti_100k、AI_challenger 情感分析数据集、汽车微博数据集。中文电商评论的细粒度情感分析的公开数据集不多，因此造成了中文在线评论的研究数量有限。

（5）复杂句子的方面级情感分析没有充分利用句法关系

细粒度情感分析的其中一项重要子任务即方面词和观点词的匹配，也是众多研究者着力研究的热点。复杂句式的方面级情感分析由于包含多个方面词、观点词，句式多样，给方面级情感分析增加了难度。方面词和观点词的匹配方法包括基于距离的方法、基于上下文的方法等，没有充分利用词性、句法依存关系这些句法信息，如何将这些句法信息融入深度学习模型，句法依存树能否与图神经网络相结合，从而实现图上的计算和推理是值得思考的问题。

1.3 研究内容与研究方法

1.3.1 研究内容

本书的研究内容：

第 1 章：绪论。介绍了电商评论情感分析的研究意义和研究内容。本章首先对在线评论情感分析的研究背景和意义进行了阐述。然后对在线评论的研究进行综述，对在线评论的研究主要集中在在线评论的情感分析研究、在线评论的有用性、在线评论对消费者购买意愿的影响、虚假评论、在线评论的影响因素等课题；对文本情感分析的研究进行综述，包括篇章级、句子级和方面级的情感分

析研究综述;在此基础上分析了在线评论的特点和带来的挑战,提出了研究问题。最后介绍了本书的研究内容和研究方法,概括了本书的创新点。

第2章:相关研究和技术。本章首先介绍了深度学习常用的模型如LSTM、GRU、注意力机制、图神经网络,接着对情感分析研究中常用的情感分析数据集、情感字典进行总结,并概括了知识图谱的发展历程、知识图谱的构建方法。

第3章:基于SAKG-BERT的中文评论句子级情感分析。本章首先提出了情感知识图谱的构建方法,然后以汽车在线评论作为研究对象,构建了中文情感分析数据集,提出了融合情感知识图谱和深度学习的SAKG-BERT模型,并在汽车评论数据集和chnSentiCorp公开数据集上进行实验,实验结果较以往模型有较大提高,同时深度学习模型与知识图谱的结合,拓宽了深度学习的研究路径,提高了深度学习模型的情感表达能力。最后探讨并比较了将情感词典转换为知识图谱,使用BERT模型训练的效果。

第4章:基于AOCP标注体系的端到端细粒度情感分析。当前细粒度情感分析模型多数采用管道方法,由方面词、关键词抽取,方面词—观点词对匹配,方面级情感分析等多个独立步骤,每个步骤是一个独立的任务,容易导致误差累积。本书提出了基于AOCP标注体系的端到端细粒度情感分析方法,因情感分类与观点词相关度较高,所以在句子中的观点词上标注情感分类;因句子中存在多个方面词,所以在方面词上标注对应观点词的相对位置,这样就解决了方面词-观点词匹配的问题。实验采用BERT+CRF模型进行端到端的学习,实验结果验证了AOCP标注体系的有效性,模型使得多个子任务共享模型和参数,体现了系统论的思想,追求系统整体最优,而非局部最优。

第5章:基于OSD-GAT的在线评论方面级情感分析。本章通过依存句法分析,构建句子关系图,然后抽取观点词,构建以观点词为中心的句法依存关系子图(opinion-centered syntactic dependencies,OSD),将自然语言的句子序列转换为图结构,利用图注意力网络GAT捕捉句子关系图中节点之间隐含的特征,进行句子关系图上边的分类任务。

第6章:情感分析在电商问答系统中的应用。基于用户评论构建知识图谱,能够较好地解决电商交易中信息不对称问题,解决海量商品评论"信息爆炸"与消费者个性化信息需求无法满足的矛盾,尽可能地满足消费者个性化的信息需求,改善电商平台的用户体验。

第7章:结论。对本书研究内容进行总结,并对研究的不足之处及后续研究方向进行阐述和展望。

本书在第3章融合情感知识图谱和预训练模型在句子级情感分析任务上取

得了较好的性能,在对实验结果进行比较分析中发现,情感分析的准确率明显受到句子复杂程度的影响,复杂句式的句子情感分类准确率要低于简单句式。鉴于此,本书在第 5 章考虑融合词性、依存句法关系和图注意力神经网络,在方面级情感分析任务上进行了实验,目前绝大多数研究是在英文公开数据集上进行的,对中文的研究较少,中文方面级情感分析数据集也很少,本书构建了中文情感分析数据集,与英文不同,中文是以词语作为语义表达的最小单位,因此,本书首先对中文句子进行分词,以词语为单位进行依存句法分析。由于中文在线评论中存在大量的方面词缺省现象,在构建句子关系子图时,以观点词语为中心,可以最大限度地捕捉评论者的情感表达,实验结果表明了 OSD-GAT 模型在方面级情感分析任务的有效性。

与第 3 章句子级情感分析相比,人们更关注评论具体方面的情感极性。本书第 4 章、第 5 章研究了方面级情感分析。目前细粒度情感分析的子任务有很多,本书对细粒度情感分析任务进行了梳理,提出了一个统一的解决方案。传统的细粒度情感分析多数采用管道模型,分阶段完成观点词、方面词抽取,方面词、观点词匹配任务,在此基础上进行方面级情感分类,容易造成误差传递,且后一阶段的信息无法反馈到前一阶段,无法有效实现知识共享。本书在第 4 章提出了 AOCP 标注体系,使用序列化标注的方法,可以实现端到端的方面级情感分析,从而实现多任务的联合学习,实验结果表明了模型的有效性。

本书总体结构如图 1-5 所示。

1.3.2　研究方法

本书所研究的电商评论是一个多学科交叉的研究课题,在研究过程中既要从心理学、认知科学、计算语言学出发,又需要深度学习、情感分类模型的构建及算法的设计。为了达到研究目的,本书拟采用的研究方法如下:

(1)文献调研法

为了全面了解国内外在线评论文本分类的研究现状,利用学术搜索、中国知网检索情感分析、文本分类、知识图谱等主题,获得大量国内外相关研究论文,并据此撰写国内外研究综述,总结了当前研究存在的问题,在已有研究的基础上提出自己的模型和方法。

(2)比较分析法

在文献调研的基础上,比较分析了国内外研究的优势和存在的问题,本书提出了 SAKG-BERT 模型,并与几个基线模型(BERT、K-BERT)进行了比较,验证了本书提出模型的科学性和合理性。本书提出了 AOCP 标注方法,使用BERT＋CRF 多任务联合学习模型与 BIESO 标注方法进行了比较。

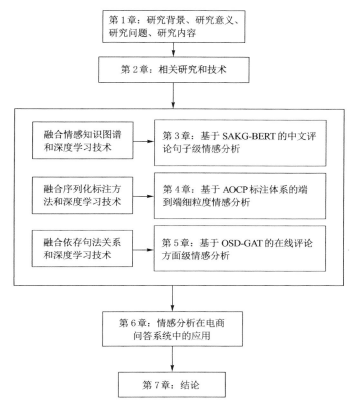

图 1-5　本书总体结构

（3）实证研究方法

第 3、4、5 章所讨论的研究问题，都是对电商平台在线评论的真实数据进行数据爬取、预处理，实证性地分析了真实数据的特点、亟须解决的问题和分析预测的难点，结合国内外的相关研究方法，提出了本书的研究问题、方法和模型。

（4）实验法

为验证模型的有效性，本书提出的 SAKG-BERT 模型，在采集的真实数据汽车评论数据集和公开数据集 Chnsenticorp 上进行了大量实验，旨在获得最优结果。本书提出了 AOCP 标注体系和 OSD-GAT 情感分析方法，均在中文在线评论数据集进行了实验。

1.4　研究的主要创新点

本书以在线评论为研究对象,对在线评论情感分析中存在的问题开展研究,主要包括情感分析知识图谱的构建方法、融合知识图谱和深度学习的句子级情感分析方法、基于 AOCP 标注体系的端到端情感分析方法、基于图注意力网络的方面级情感分析方法、在线评论情感分析在电商问答系统中的应用。本书的主要创新点包括:

(1) 提出了一种融合知识图谱和深度学习的情感分析模型 SAKG-BERT

首先提出了情感知识图谱的构建方法,不同于"实体—属性—属性值"和"头实体—尾实体—关系"这些传统的知识三元组构成,本书提出以"观点词—评价对象—情感极性"作为知识三元组,构建情感知识图谱。基于深度学习的情感分析模型有很多,取得了大量的研究成果,但缺点也不容忽视,如计算量大、模型设计复杂、依赖大规模数据、可解释性较差。针对深度学习模型依赖大量数据和可解释性差的问题,本书提出 SAKG-BERT 模型,将 SAKG 知识图谱中的大量情感分析知识融合深度学习模型 BERT,利用融入的知识提高了模型的情感表达能力和准确率。

(2) 提出了一种基于 AOCP 标注体系的端到端细粒度情感分析模型

细粒度情感分析有方面词抽取 ATE、观点词抽取 OTE、方面情感分类 ALSC、三元组提取 ASTE 等 7 个子任务,多数的研究者对其中的一个或若干个子任务进行了方法研究,细粒度情感分析大多采用先抽取 ATE 或 OTE 任务,再情感分类,各个模块独立的管道模型进行细粒度情感分析。两阶段的研究方法,不同阶段使用不同的模型算法,目标函数不同,彼此不能有效共享知识、参数,容易造成错误的放大。本书提出了基于 AOCP 标注体系的端到端模型,对句子进行序列化标注,训练过程多任务目标方程一致,知识共享,参数共享有效提高了细粒度情感分析模型的效果和效率,避免了管道模型容易误差累积的问题。

(3) 基于 OSD-GAT 的方面级情感分析方法

我们对评论文本进行分析,可以得到词性、位置、句法依存关系等大量的语言学知识,单纯引入情感知识三元组不能准确地捕获这种复杂的上下文关系。图神经网络和句法依存树的结合,可以很好地融合语义与句法信息。本书通过依存句法分析,构建句子关系图,然后抽取观点词,构建以观点词为中心的句法依存关系子图 OSD,利用图注意力网络捕捉句子关系图中节点之间隐含的特征,进行句子关系图上边的分类任务,并在中文数据集上验证了 OSD-GAT 模型的有效性。以观点词为中心构建句法依存关系子图 OSD,尽可能地捕获评论者的情感表达,并且观点词和其他的方面词之间没有直接通路,避免了观点词和方面词匹配错误造成的误差传递。

2 相关研究和技术

2.1 深度学习的常用模型

近年来深度学习的方法显示了强大的特征提取和文本表示能力,具有较好的可扩展性。在方面级情感分析任务中深度学习的方法也逐渐成为研究热点,研究者们提出了各种基于深度学习的模型以提升任务的性能。基于深度学习的情感分析可以分成两个重要的任务:

（1）上下文文本表示。对文本情感的理解不能脱离整个文本,方面词是句子中的方面词,离开方面词的修饰语很难进行情感极性的分析。文本表示是在神经网络框架中文本的向量表示,它是方面词、观点词的上下文语义环境,相同的观点词在描述不同方面时表达的情感极性会有变化。

（2）情感分析。对句子级情感分析、方面级情感分析,研究者已经提出了许多基于深度学习的模型方法,如长短期记忆网络、门控循环神经网络、注意力机制等对特征进行选择,但是情感分析的精确度仍然有待提高,方面级情感分析仍然是当前的研究热点。

2.1.1 长短期记忆网络

为了模拟大脑的记忆,作为一种具有记忆能力的神经网络,循环神经网络RNN 应运而生。循环神经网络是一种以序列作为输入,并在序列上进行递归的神经网络,因此具有较强的推理能力。循环神经网络能够部分记忆前一时刻学习的信息,可以出色处理和预测数据,在 NLP 相关领域有着不俗的表现。循环神经网络中是一个前向神经网络,信息一直往后传,在梯度反向传播时,如果对tanh 激活函数求导,会出现导数收敛为 0,致使 RNN 存在梯度爆炸和梯度消失的问题。在复杂句式中,有用的信息如方面词、观点词之间会存在较长的间隔距离,而另一些则距离较短,循环神经网络的性能也会因此受限,在解决长期依赖问题时会出现梯度消失。长短期记忆（long short term memory,LSTM）网络是一种循环神经网络的变种,能将信息存储在网络内从而有效解决上述问题。

长短期记忆模型是一种特殊的循环神经网络模型,该模型是在标准循环神经网络模型的基础上加入了长短期记忆单元建立的。LSTM 并非单一的 tanh

循环体结构,而是一种有着三个"门"结构的特殊网络结构[99]。

由图 2-1 可知,LSTM 单元由记忆单元和多个"门"构成,门限由 sigmoid 激活函数和逐点乘法运算组成,通过这些门的结构使得信息有选择地影响 LSTM 网络中各个时刻的状态。长短期记忆模型的"门"共有三种:输入门(input gate)、输出门(output gate)和遗忘门(forget gate)[100]。

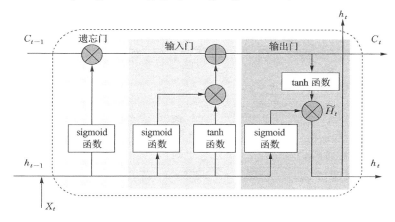

图 2-1　LSTM 单元结构示意图

通过这三个门对记忆单元进行控制和实现网络中历史信息的更新,"遗忘门"控制的是历史信息对记忆单元状态值的影响,被遗忘的记忆部分由当前的输入 x_t、上一时刻的状态 C_{t-1} 以及上一时刻的输出 h_{t-1} 共同决定。"输入门"决定保存单元状态中哪些新信息,从当前输入中补充新的记忆,进入当前状态 C_t 的部分则根据当前的输入 x_t、上一时刻的状态 C_{t-1} 以及上一时刻的输出 h_{t-1} 决定。"输出门"在 LSTM 网络经过 sigmoid 函数计算得到新状态 C_t 后产生当前时刻的输出,当前时刻的输出 h_t 根据当前状态 C_t、上一时刻输出 h_{t-1} 和当前输入 x_t 来决定,再将单元状态输入到 tanh 函数将值转化为 -1 到 1 之间。

$$\widetilde{C_t} = \sigma(W_f \cdot [C_{t-1}, h_{t-1}, x_t] + b_f) \tag{2-1}$$

$$C_t = f_t \cdot C_{t-1} + i_t \cdot \widetilde{C_t} \tag{2-2}$$

$$h_t = o_t \cdot \tanh(C_t) \tag{2-3}$$

如前面所述的只是常规的 LSTM 模型,在实际运用中,LSTM 模型都会存在各种变种,Gers 和 Schmidhuber 于 2000 年在常规 LSTM 模型中加入了窥视孔链接,提出了一个新变种 LSTM 模型,即将单元状态也作为门限层的输入[101]。令 f_t、i_t、o_t 分别表示遗忘门、输入门、输出门,W_f、W_i、W_o 表示窥视孔连接,b_f、b_i、b_o 表示输入连接的权重矩阵,因此上述通过三个"门"结构实现历史信息更新的过程可以表达成如下公式：

$$f_t = \sigma(W_f \cdot [C_{t-1}, h_{t-1}, x_t] + b_f) \qquad (2\text{-}4)$$

$$i_t = \sigma(W_i \cdot [C_{t-1}, h_{t-1}, x_t] + b_i) \qquad (2\text{-}5)$$

$$o_t = \sigma(W_o \cdot [C_{t-1}, h_{t-1}, x_t] + b_o) \qquad (2\text{-}6)$$

Liu 在 2015 年提出了 BiLSTM 模型，用于命名实体识别任务，取得了较好的效果。利用 LSTM 对句子进行建模无法编码从后到前的信息，如句子中的单词不仅和之前的词语相关还和后面的词语相关，随后 BiLSTM 在情感分析、机器阅读理解等领域的使用逐渐超过了 LSTM[102]。

2.1.2 门控循环神经网络

门控循环神经网络（gated recurrent neural network，GRU）由 Cho 在 2014 年提出[103]。如图 2-2 所示，GRU 原理与 LSTM 相似，不同的是 GRU 有两个门，将 LSTM 模型中遗忘门和输入门合并为更新门。为了解决 RNN 的梯度消失问题，GRU 使用了重置门 R 和更新门 Z。重置门决定了 $t-1$ 时刻的信息哪些需要遗忘，更新门定义了当前记忆哪些信息需要保留。更新门和重置门的输入都是当前时刻 X_t 与上一时刻隐藏状态 H_{t-1}，输入 sigmoid 激活函数的全连接层计算得到的。

$$R_t = \sigma(X_t W_{xr} + H_{t-1} W_{hr} + b_r) \qquad (2\text{-}7)$$

$$Z_t = \sigma(X_t W_{xz} + H_{t-1} W_{hz} + b_z) \qquad (2\text{-}8)$$

t 时刻的候选隐藏状态 $\widetilde{H}_t$ 的计算公式为式（2-4），重置门 R 控制了上一时刻的隐藏状态如何流入当前时刻的候选隐藏状态。

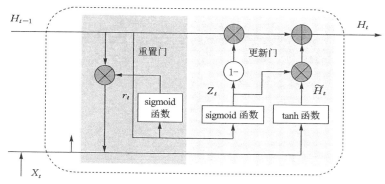

图 2-2　GRU 结构示意图

H_t 的计算使用当前时刻的更新门 Z_t 对上一时刻的隐藏状态 H_{t-1} 和当前时刻的候选隐藏状态 $\widetilde{H}_t$ 进行组合。

$$\widetilde{H}_t = \tanh(X_t W_{xh} + (R_t \odot H_{t-1})W_{hh} + b_h) \tag{2-9}$$

$$H_t = Z_t \odot H_{t-1} + Z_t \odot \widetilde{H}_t \tag{2-10}$$

门控循环神经网络能够保持 LSTM 的效果,同时结构更加简单,比 LSTM 张量操作少,训练速度更快一些。

2.1.3 注意力机制

注意力机制(图 2-3)源于对人类视觉的研究[104]。在认知科学中,人类会选择性关注信息的一部分,如在观看包含自己的合影照片时,人们通常潜意识里会第一时间注意到照片中的自己。深度学习中的注意力机制本质上和人类认知注意力一样,旨在从众多信息中挑选出对目标任务更关键的信息,即抓住矛盾的主要方面。注意力机制的核心信息的注意力计算,给有价值的关键信息赋予更高的权重,忽略没有用的信息。近年来,注意力机制已经被应用在自然语言处理领域的各项任务中,它确实有效地提升了神经网络模型在各项任务中的表现能力。比如在情感分析任务中,句子中的观点词更能影响句子的情感极性。

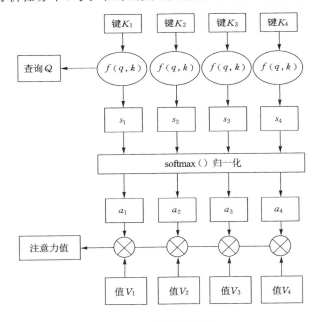

图 2-3 注意力机制

将下游任务抽象成 Query,将源文本看成 <Key, Value> 键值对,计算 Attention 时,首先将查询项 Query 和每个键值项 key 进行相似度计算得到权重,然后对这些权重进行 softmax 归一化,如图 2-3 所示,具体计算过程如式(2-11)。

$$a_i = \mathrm{softmax}(f(Q,K_i)) = \frac{\exp(f(Q,K_i))}{\sum\limits_{i=1}^{n} \exp(f(Q,K_i))} \tag{2-11}$$

其中常用的相似度函数有点积、拼接以及利用神经网络计算的,如式(2-12)。最后将权重和相应的键值 value 进行加权求和,得到最终的输出。

$$f(q,k) = \begin{cases} q^{\mathrm{T}} k \\ q^{\mathrm{T}} W k \\ \omega^{\mathrm{T}} \tanh(W[q:k]) \\ \sigma(\omega^{\mathrm{T}} \tanh(W[q:k]+b_1)+b_2) \end{cases} \tag{2-12}$$

注意力机制在机器翻译、阅读理解、问答系统都有广泛应用,注意力机制的作用就是从大量的信息中找到那些重要的信息,过滤掉那些不太相关的信息,使得后续的计算分析能够更加聚焦。Li 认为注意力机制是解释深度学习模型内部工作的途径之一[105]。注意力机制的组合方式也衍生出不同类型,如自注意力机制、多头注意力机制、Transformer 模型。

(1)自注意力机制(self-attention)

自注意力机制不需要外部提供额外的查询信息,在自注意力机制中 $K = V = Q$,也就是句子中的每个词和所有词都要计算 attention。自注意力的计算公式为式(2-13)。$\sqrt{d_k}$ 是为了防止出现梯度消失而进行的归一化操作。最后把向量 V 与经过 softmax 函数得到的概率分布相乘,就是当前的输出。

$$\mathrm{attention}(Q,K,V) = \mathrm{softmax}\left(\frac{QK^{\mathrm{T}}}{\sqrt{d_k}}\right)V \tag{2-13}$$

(2)多头注意力机制(multi-head attention)

多头注意力通过并行计算多次注意力来捕获元素的全部特征。多头注意力机制对 Q、K、V 进行多个不同的线性变化,从而捕捉信息中不同类型的相关性,然后将多个自注意力结果拼接起来,最后经过一个线性层,具体计算过程如式(2-14)和式(2-15)。

$$head_i = \mathrm{attention}(Q_i,K_i,V_i) \tag{2-14}$$

$$multiHead = \mathrm{concat}(head_1,head_2,\cdots,head_n) \tag{2-15}$$

(3)Transformer[106]

循环神经网络虽然能够很好地处理序列信息,但是在编码序列数据时,每一步的计算都必须依赖上一步的结果,导致循环神经网络不能并行计算,这种方法效率很低。顺序计算的过程中信息会丢失,尽管 LSTM、GRU 等门控机制的结构一定程度上缓解了长距离依赖的问题,但对于距离特别长的依赖现象,LSTM

依旧无能为力。Transformer 的提出很好地解决了这样的问题,Transformer 基于自注意力机制捕捉信息之间的依赖关系,不再依赖于前后输出的结果,因此 Transformer 在编码时是并行计算的。

Transformer 模型的核心就是注意力机制,由编码器 Encoder 和解码器 Decoder 组成,编码器由 6 个相同的层 layer 组成,即 6 个"Nx"。编码器主要由两个模块组合而成:前馈神经网络(全连接 feed forward)和多头注意力机制(multi-head attention),但是解码器通常多一个交叉注意力机制(multi-head cross attention)。每个子层 sub-layer 都加了残差连接和归一化处理(add & norm),能够有效提升模型的训练速度和准确率,以改善反向传播中的梯度消失问题。假设输入为 x,残差连接计算公式[107]为:

$$y = H(x, WH) + X \tag{2-16}$$

因此,子层的输出可以表示为:

$$O_{sublayer} = LayerNorm(x + (SubLayer(x))) \tag{2-17}$$

由于注意力机制是序列比较 seq2seq 模型,计算量较大。由于 Transformer 使用了注意力机制,模型对于长距离信息的处理也有较好的表现。

2.1.4   图神经网络

句子中的词语存在主从关系,如主谓关系、定中关系等,对句子进行依存句法分析,构建句子的依存句法树,序列化模型无法很好表达这种拓扑结构。图神经网络(graph neural networks,GNN)扩展了现有的深度模型,在图中,每个节点由其特点和相关节点定义,图神经网络通过学习图嵌入的状态,包括聚合相邻节点信息,可用于捕获相互依赖关系。

图注意力网络(graph attention networks,GAT)[108]是一种基于空间的图卷积网络,它的注意机制是在聚合特征信息时,将注意机制用于确定节点邻域的权重。其计算公式为式(2-18),其中 $\alpha()$ 是一个注意力函数,用于控制相邻节点 j 对节点 i 的影响。

$$h_i^t = \sigma\left(\sum_{j \in N_i} \alpha(h_i^{t-1}, h_j^{t-1}) W^{t-1} h_j^{t-1}\right) \tag{2-18}$$

近年来,图神经网络在信息传播、关系归纳上展现了优秀的性能,广泛应用于自然语言处理、推荐系统、社交网络、化学和药物设计等领域。

2.1.5   BERT 预训练模型

随着 Transformer 的提出,引起了研究者们对注意力模型的广泛研究,各种基于 Transformer 的变体模型被提出。例如,超大参数预训练模型 GPT[109],

GPT-2[110]，它们是基于 Transformer 解码器构建的生成模型。还有谷歌提出的预训练模型 BERT，它是基于 Transformer 编码器构建的双向语言模型，它的出现对于自然语言处理领域是具有里程碑式意义的。随后出现了各种预训练模型，如 XLNet[111]，ERNIE[112]，ALBERT[113] 等，BERT 的出现极大地推动了自然语言处理领域的各项研究。

BERT 模型是基于 Transformer 编码层构造的，与以往的 LSTM 从左到右或从右到左编码不同，它实现了真正的双向编码表示。模型的输入由三个部分组成，包括词向量（token embeddings）、位置向量（position embeddings）和分段向量（segment embeddings）。原始 Transformer 中隐藏层维度 hidden_size＝512，多头注意力 n_head＝8；而 BERT 中隐藏层维度 hidden_size＝768，多头注意力 n_size＝12。

BERT 的使用方法分为预训练和微调两个阶段，在维基百科和 BooksCorpus 等大型语料库中进行训练。BERT 模型创新了预训练的方法，使用了 MLM 和 NSP 两种方法捕捉词语和句子级别的表示，如图 2-4 所示。① MLM（masked language model）类似于完形填空任务，BERT 随机掩盖一定比例的语料库词汇，将对应被掩盖的词汇隐藏层向量输入至 softmax 分类层。BERT 根据上下文生成词的表征，解决词的多义性问题。② 下一个句子预测任务（next sentence prediction，NSP），针对当前的句子，预测第二个句子是否为其下一句。BERT 应用在句子预测任务上可以得到两个句子之间的关系，通过在

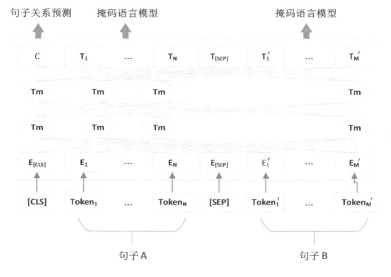

图 2-4　BERT 预训练模型

大型语料库上训练的一个分类器来预测输入的句子对 IsNext 是否为真实的标记,其中一半数据选取真实的句子对为 IsNext 标记,另外一半的句子对用负采样方法得到,并标记 NotNext[114]。BERT 模型训练耗时耗力,对硬件要求极高,一般在相应的下游任务上进行微调。深度学习模型对大规模数据依赖性较强,当训练数据很少时,很难训练好网络,但是使用 BERT 预训练,可以采用相同的网络结构和参数,之后根据下游任务的训练不断地改变,即 fine-turning,可以更好地适应下游任务。

BERT 采取了一种随机屏蔽的方法实现双向编码表示,在输入数据中随机将部分字符利用特殊标志[MASK]替代,然后预测[MASK]替代位置的原本字符是什么。这样处理的优点是在预测[MASK]的过程中,模型通过 self-attention 机制能够捕获[MASK]位置前后的信息,实现了真正的双向表示。为了减少预训练阶段与微调阶段存在的差异,在 BERT 实际预训练过程中,15%训练数据的字符会被选择进行以下三种操作中的一种:① 80%概率选择用[MASK]替换,例如"动力强劲爬坡能力很强"被替换成"动力[MASK]爬坡能力很强";② 10%概率选择用另一个随机单词替换,例如"动力强劲爬坡能力很强"可能被替换成"动力充沛爬坡能力很强";③ 10%概率保持原本单词不变,例如"动力强劲爬坡能力很强"保持原语句不变。

BERT 预训练模型在 11 项自然语言处理任务上刷新了模型效果,它首先在模型上利用大规模数据进行预训练,然后在面对具体任务时微调,即可获得很好的表现效果。这种超大规模预训练模型的研究需要耗费巨大的财力,对于大多数研究者而言,可能无法训练一个这样的预训练模型,但是研究如何更好地利用它们解决各种任务是十分重要的方向。

2.2 情感分析常用的数据集和词典

2.2.1 情感分析数据集

情感分析数据集是情感分析研究中的重要资源,通过对情感分析的文献调研发现,情感分析的模型、方法的提出,模型的训练、测试与结果分析都离不开语料库。一些公开语料库,在大量的研究中被频繁使用,做模型对比实验。

(1) SST

斯坦福大学发布的一个大规模的情感分析数据集,主要针对电影评论来做情感分类。因此 SST 一般进行句子级的情感分类任务,其中 SST-2 是二分类,SST-5 是五分类,SST-5 的情感极性区分得更细致,情感分值 [0,0.2],(0.2,

0.4]，（0.4，0.6]，（0.6，0.8]，（0.8，1.0]分别对应 5 种情感类型 very negative，negative，neutral，positive，very positive。

（2）MPQA

MPQA 是 Janyce Wiebe 等人所开发的 MPQA（multiple-perspective QA）库：包含 535 篇不同视角的新闻评论，每个句子都标注出一些情感信息，如观点持有者、评价对象、主观表达式以及其极性与强度。

（3）IMDB

IMDB 是一个关于电影演员、电影、电视节目、电影明星和电影制作的在线数据库。IMDB 数据集包含互联网电影数据库（IMDB）的 50 000 条电影评论。数据集被分为用于训练的 25 000 条评论与用于测试的 25 000 条评论，标签 0 代表负评，1 代表正评，训练集和测试集中的正面评论、负面评论各占 50%，一般用于句子级的情感分析。Keras 库内置了 IMDB 数据集，可以直接导入，并对数据集做了预处理，评论中的单词已经被转换为整数序列。

（4）SemEval 2014/2015/2016

SemEval 是国际语义评测大会，是全球范围内影响力最强、规模最大、参赛人数最多的语义评测竞赛。SemEval 在 2014、2015、2016 年连续发布情感分析的语义测评任务。SemEval 2014 Task4 数据集主要用于细粒度情感分析研究，包括 Laptop 和 Restaurant 两个领域，每个领域的数据集都分为训练数据、验证数据和测试数据。数据中标注了方面词及其情感极性｛正面（Positive），负面（Negative），中性（Neutral），冲突（Conflict）｝，方面对应的实体类 Aspect Category，这些类目是预先定义的，包括 food，service，price，ambience，drinks 等，这些单词在句子中可能并不会出现。如图 2-5 所示。

```
<sentence id="2846">
    <text>Not only was the food outstanding, but the little 'perks' were great.</text>
    <aspectTerms>
        <aspectTerm term="food" polarity="positive" from="17" to="21"/>
        <aspectTerm term="perks" polarity="positive" from="51" to="56"/>
    </aspectTerms>
    <aspectCategories>
        <aspectCategory category="food" polarity="positive"/>
        <aspectCategory category="service" polarity="positive"/>
    </aspectCategories>
```

图 2-5　SemEval2014 Restaurant 数据示例

在 SemEval 2014 数据中去掉冲突数据，数据统计如表 2-1 所示。

（5）Twitter

Twitter 数据集中训练数据有 6 248 条推文，测试集包括 692 条推文，情感分类其中 25% 的负面，25% 的正面，50% 的中性。Twitter 数据集中每一条推文只有一个方面，这会造成方面级情感分析退化成句子级情感分析。

表 2-1　SemEval 数据集 2014/2015/2016

数据库	句子	平均句长	正评	负评	中性
餐馆评论\训练集	1 978	16.3	2 164	805	633
餐馆评论\测试集	600	15.4	728	196	196
笔记本评论\训练集	1 462	18.6	987	866	460
笔记本评论\测试集	411	15.0	341	128	169

（6）ChnSentiCorp（中文数据集）

ChnSentiCorp 数据集包括 3 个领域的中文评论数据：酒店、笔记本电脑、书籍，包括正面评论 6 000 多条，负面评论 6 000 多条。

（7）AI challenge 细粒度情感分析数据集（中文数据集）

在 2018 年 AI challenger 开幕式上，搜狗 CEO 表示，数据是 AI 研发的核心，没有真实的数据，应用场景就会走偏，技术研究的方向具体的算法就会走向错误。AI challenge 细粒度情感分析数据集提供了大规模的中文餐馆评论数据，训练集包括 105 000 条已标注数据，测试集共 15 000 条数据（未标注），适用细粒度情感分析，评价对象按粒度不同分为两个层次，标记了 20 个方面，用 1 表示正评、0 表示中性、-1 表示负评、-2 表示未提及。

2.2.2　情感词典

（1）大连理工大学中文情感词汇本体库

中文情感词汇本体库标注了中文词汇或者短语的词性、情感类别、情感强度及极性等信息。在 Ekman 的 6 种情感分类体系的基础上构建了中文情感词汇的情感分类体系，增加了情感类别"好"以便对褒义情感进行更细致的划分，把词汇情感共分为 7 大类 21 小类。词性种类一共分为 7 类，分别是名词（noun）、动词（verb）、形容词（adj）、副词（adv）、网络词语（nw）、成语（idiom）、介词短语（prep）。

（2）知网 HowNet

知网情感词典包括中文和英文，中文正面评价词语 3 730 个、中文负面评价词语 3 116 个、中文正面情感词语 836 个、中文负面情感词语 1 254 个；英文正面评价词语 3 594 个、英文正面评价词语 3 563 个、英文正面情感词语 769 个、英文负面情感词语 1 011 个。还提供了中文程度级别词语 219 个、英文程度级别词语 170 个。

（3）清华大学李军中文褒贬义词典 TSING

该词典共包含褒义词如：宰相肚里好撑船、查实、忠实、名手等 5 567 个，贬义词比如：裹足不前、谬论、无病呻吟、溺爱等 4 469 个。

（4）台湾大学中文情感极性词典 NTUSD

台湾大学中文情感极性词典 NTUSD 提供了 2 810 个正面情感词和 8 276 个负面情感词,一般用于情感的二分类任务。

(5)英文情感词典 sentiWordNet

sentiWordNet 中标注了英文单词的词性、ID、积极得分 PosS、消极得分 NegS,还列出了同义词及其意思。sentiWordNet 可直接从 NLTK 包导入,由于一个单词可能有多种词性,就会有多种意思,需对该单词在该词性内所有分数进行加权计算,得到该单词的情感得分,将文本中所有单词的得分进行加和就可以得到文本的得分,从而判断情感极性。

2.3 知识图谱的相关研究

知识图谱是一个用图数据库结构表示的知识载体,实体/概念覆盖率高,语义表达能力强,能够描述概念、事实、规则各个层面的认知数据,以三元组为基本组成单位,便于知识的自动获取和信息融合。知识图谱富含实体、概念、关系、属性等信息,使得机器理解与解释成为可能,是人工智能应用不可或缺的资源。

2012 年 5 月,谷歌首次提出知识图谱的概念,常见的开放知识图谱如普林斯顿大学认知科学实验室的 WordNet,它是一个英文电子词典和本体知识库;被谷歌收购的 Freebase,主要数据源包括 Wikipedia、世界名人数据库、开放音乐数据库等;Yago 是 IBM Watson 的后端知识库之一。国内 OpenKG 是一个面向中文领域的开放知识图谱项目,包括 zhishi. me(狗尾草科技、东南大学)、复旦大学的 CN-DBpedia、清华大学的 XLORE,还有一些医疗、电商等垂直领域知识图谱(表 2-2)。

表 2-2 知识图谱数据介绍

知识图谱	数据介绍
WordNet	155 327 个单词,同义词集 117 597 个,同义词集之间由 22 种关系连接
OpenCyc	23.9 万个实体,1.5 万个关系属性,209.3 万个事实三元组
Freebase	4 000 多万实体,上万个属性关系,24 亿多个事实三元组
DBpedia	400 多万实体,48 293 种属性关系,10 亿个事实三元组
Yago	980 万实体,超过 100 个属性关系,1 亿多个事实三元组
CN-DBpedia	900 多万的百科实体,6 700 多万三元组关系,提供 2 个 API 接口
XLORE	235 多万个概念,2 614 多万个实体,51 万个关系,是一个多语言知识图谱,具有丰富的语义关系,基于 isA 关系验证
OpenKG	聚集了 Zhishi. me、CN-DBPedia、XLORE、Belief Engine、PKU-PIE、ConceptNet 中文部分、WikiData 中文部分等典型的中文知识库,分为常识、金融、农业、地理、气象、医疗、社交等十余个大类,并且不断增长

知识图谱是一种用节点和边来分别表示实体和实体之间关系的图结构,为海量数据和知识提供了一种高效的语义表达、知识组织方式,如推荐系统中用户-产品交互图、化学领域的分子图、医药领域的药物副作用图等。人们通过基于知识图谱的搜索引擎,实现精准的语义搜索,支持用户按主题搜索,而非字符的机械匹配。知识图谱有助于人们进行知识的推理,从而实现复杂问答系统,同时有助于以图形化方式展示结构化知识,帮助用户透过现象看本质。如通过构建金融股权知识图谱,进行穿透式股权网络查询,更好地揭示资本系总的复杂知识关联,进而防范系统性金融风险[115]。众多研究者在知识图谱的构建、表示学习、知识补全[116]、推荐系统[117-118]等方面,在金融[119-120]、医学[121-122]、农业[123-124]、建筑[125]、电商评论[126]等不同领域进行了大量研究。汤伟韬等将知识图谱融入商品相似度矩阵的计算中,在随机游走模型中输入相似度矩阵以分配特征权重,实现推荐系统[127]。

(1)知识图谱的特点

知识图谱是人工智能应用不可或缺的资源,知识图谱在语义搜索、问答系统、个性化推荐等应用中发挥了重要作用。知识图谱具有以下特点:① 知识图谱语义表达能力丰富,能够描述概念、事实、规则等不同层次的认知知识,也能够有效组织和描述人们在社交网络、电商平台产生的海量数据,从而为各类人工智能应用奠定知识基础。② 知识图谱以语义网的资源描述框架(resource description framework,RDF)规范形式对不同层次的知识进行统一表示,以图结构为基础,利用节点、边的遍历搜索,便于实现知识推理。③ 知识图谱以<实体—属性—属性值>、<头实体—尾实体—关系>为基础的简洁知识表示方法,无论领域专家还是普通标注者都容易理解,便于以众包等方式编辑和构建知识图谱,这也为大规模知识图谱的迅速构建提供了可能,同时降低了成本。

(2)知识图谱的主要类型

如果将知识按照主客观性划分,可以分为事实型知识和主观性知识。事实型知识是指那些确定的、不会随意改变的知识,如"《战狼 2》的导演是吴京"。而主观性知识通常是某个人或者群体对事物、事件的认知,如"大部分人认为德系车比较皮实",这句话包含了用户对德系车的观点和态度,但是这一态度会随着评论者的不同而改变。知识图谱按照知识的类型划分,可以分为语言知识图谱、常识知识图谱、领域知识图谱和百科知识图谱。语言知识图谱主要是存储人类语言学方法的知识,典型的如英文同义词近义词集 WordNet,中文知网词库 HowNet。常识知识图谱由大量实体和关系以及常识规则组成,如 Cyc 和 ConceptNet。领域知识图谱是专门为特定领域服务的,如医学知识图谱 SIDER、电影知识图谱 IMDB 等。百科知识图谱典型的有 DBpedia、YAGO、

Wikidata 等,百科知识图谱主要得益于网络中大量的用户生成的高质量内容。

（3）知识图谱的构建方法

传统知识图谱的构建方法主要基于专家知识,由于对领域专家、知识工程师的依赖程度高,这种知识图谱的覆盖范围、知识规模都比较有限。大数据时代,研究者基于众包数据构建了大量知识图谱,让网民成为知识的贡献者,加快了知识图谱的构建速度。知识图谱的构建经历了由人工和群体智慧构建到利用网络和自然语言理解及信息抽取等技术自动化获取的过程。

目前的知识表示大多以实体关系三元组为主,知识图谱的构建包括两个核心步骤,实体抽取和实体间关系的构建。首先是实体的抽取,也称为命名实体识别（named entity recognition,NER）,从大量的文本数据集中自动抽取出实体。实体抽取的准确率和召回率直接影响构建知识图谱的质量。基于规则和词典的实体识别依赖于人工定义的规则,如词性、大小写、方位词、前后缀和句法信息等特征,需要耗费大量的人力,模型可移植性差[128]。用于实体识别的机器学习算法如最大熵模型、马尔科夫模型和条件随机场等。目前命名实体识别任务一般使用 BiLSTM ＋ CRF 模型。BiLSTM 可以解决 RNN（recurrent neural network,循环神经网络）的长距离依赖问题,增加了门控机制,双向 LSTM 可以更好地学习上下文信息。

实体关系的抽取方法能够对文本数据中隐藏的特征进行提取,通过这些关系将实体联系起来,形成一个庞大的语义网络。按照抽取领域的划分,实体关系的抽取可以分为限定域关系抽取和开放域关系抽取。一般来说,限定域的实体关系也是预设好的若干个关系。实体关系的抽取比实体识别更加复杂,关系抽取不仅受两个或两个以上实体的影响,还受上下文的影响,有时关系隐含在文本中。实体关系的抽取包括基于模板的关系抽取、基于机器学习的关系抽取和基于深度学习的关系抽取。基于模板的关系抽取时基于语料的特征,由领域专家和研究人员编写模板,这种方法依赖于专家模板的准确率,可移植性较差。基于机器学习的关系抽取方法是一种特征工程的方法,如 HMM、CRF 等方法。

事件抽取任务的目标是从描述事件信息的文本中抽取出事件信息并以结构化的形式呈现出来的。现有的知识图谱多以实体和实体之间的关系为核心,很多认知科学家认为人们是以事件为单位来认识世界的。事理图谱中节点表示事件,有向边表示事件之间的逻辑关系,通常包括因果关系、顺承关系、条件关系和上下位关系等,如图 2-6 所示。

知识图谱能够以结构化的形式表示人类知识,通过知识表示和推理技术,实现从感知智能到认知智能的飞跃,可以给人工智能系统提供可处理的先验知识,让其具有与人类一样的解决复杂任务的能力。如何更好地构建、表示、补全、应

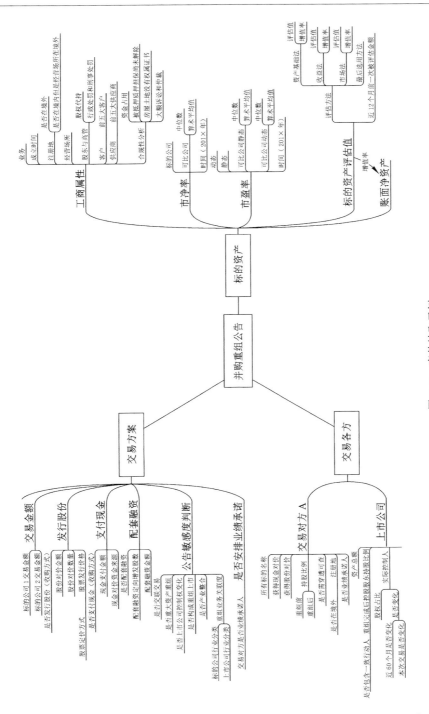

图 2-6 事件抽取示例

用知识图谱，已经成为认知和人工智能领域重要的研究方向之一。

2.4　本章小结

　　本章首先介绍了深度学习的主要模型，包括 LSTM、GRU、注意力机制和图神经网络，许多研究者将这些深度学习方法作为模型的一层或者几层，构建了情感分析模型，以达到提高情感分析准确率的效果。由于数据是构建模型和实验分析的基础，本章接着对情感分析常用的数据集和情感词典进行了概述。最后对知识图谱的相关研究进行了概述，知识图谱作为知识工程中广泛使用的知识表示方式，有效利用大量存在的先验知识，进而降低深度学习模型对大规模数据的依赖，知识图谱与深度学习模型的融合已然成为新的研究热点。

3　基于 SAKG-BERT 的中文评论句子级情感分析

3.1　引言

随着移动通信技术和智能终端的普及，人们习惯于网上办公、购物、学习、社交等活动，并在社交媒体上发表自己的评论、观点，这些在线评论包含了对事物或者属性的情感、态度、满意度。对这些在线评论文本进行分析和挖掘，能够对决策起到有力的支持作用。社交媒体数据具有异质性、非结构化或半结构化、规模大、短文本、随意性强等特点，数据抽取和分析难度较大。对于一些高卷入度的产品，消费者在购买之前一般会通过各种渠道详尽了解商品的相关信息，社交媒体和电商平台的评论提供了大量的在线评论信息等。

特定领域在线评论的数据通常专业性强，使用频率低，难以快速把握，需要特定领域的先验知识作为基础，利用领域知识丰富短文本信息，以提高针对特定领域数据抽取结果的准确性。特定领域的在线评论情感分析需要大量的领域专家知识，如"时尚的外观及不错的品质，加上这款车的动力很好，日常用着感觉很不错，操控精准，就是高速状态下噪音有点大。"在这条评论中，涉及外观、品质、动力等多个方面的评价，"品质—不错""动力—很好"可以通过情感词分析其情感分类是积极的情感，而"外观—时尚""操控—精准""噪音—大"则需要专门的领域情感知识进行评论的信息挖掘。对于同一个情感词"大"，"空间—大"是正评，"胎噪—大"是负评。另外，评论中还运用了大量网络用语，如"后排可以葛优躺"，需要识别出用户所表达的真实观点是"后排（空间）—宽敞"，是评价车辆的空间属性。BERT 是在大规模的开放领域语料库上进行预训练以获得通用的语言表达，在多项自然语言处理任务中取得了可喜的成果，但是在处理这种特定领域的文本时，仅仅考虑上下文来理解还有欠缺。专家可以根据相关领域知识进行推理，为了使计算机具有这种能力，我们提出了这种融合情感知识图谱的语言表示模型 SAKG-BERT。

自然语言具有歧义性、动态性和随意性，同时语义理解需要丰富的知识和一定的推理能力，这些都给情感分析带来了极大的挑战。用户在对商品进行评价时是比较随意的，时常出现对品牌、型号、功能、配件的评价混杂在一起，需要具备领域的专门知识。如"途观造型配色,空间更好,性价比可以接受,毕竟是大众牌子摆在那里。"用户评价了品牌、型号、功能属性,并且用户的评价是随意跳跃的,从型号跳跃到功能,然后又跳跃到品牌,需要有领域专门知识。

另外,在上述例子中,在线评论"途观造型配色"缺省了评价词,对隐式属性和隐式情感词的识别,需要我们联系上下文来进行情感分析,"途观造型配色(好),空间更好"。更为复杂的评论如"整体上风格比较秀气,不是汉兰达那种战斗力十足的风格。"评论中"风格—战斗力十足"是形容汉兰达的,并非是对本产品的评论,应识别出来并进行剔除。

综上所述,在线评论文本有其自身的特点:① 评论中存在大量领域专门用语作为特征词;② 用户评论中存在整体评价、组成部件评价、功能评价交叉混杂;③ 在线评价使用了大量网络用语;④ 评论中存在大量的特征词缺省或者评价词缺省现象。

针对在线评论情感词缺省问题,即隐式情感分析问题,从心理学视角分析,心理学研究认为情感是人与环境之间某种关系的维持或改变,客观事物或情境与人的需要和愿望相符会引起人积极的情感,反之则会引起人消极的情感。因此,一些没有情感词的评论如"50万的车没有无钥匙进入",从字面意思分析这是对产品的客观描述,实际却表达了用户的不满,即消极的情感。在领域情感知识抽取时,应将这类型的知识也加入,以提高隐式情感分析的准确率。

3.2　任务定义

目前基于深度学习的情感分析模型取得了较好的效果,但是它也存在不少局限性。深度学习模型依赖于大规模数据的训练,可以通过权重参数对数据非线性变换,交互出复杂的、高层次的特征,最终在任务上取得较好的效果。由于隐藏层交互组合特征过程的复杂性,这种数据驱动学习方式造成结果不好直观解释,而且学习过程也不可调控。针对深度学习模型语义表达能力弱、学习过程不可调控的问题,从认知科学视角分析,人类的认知过程离不开学习,认知学习理论的"认知同化"说认为,新知识的学习必须以已有的认知结构为基础。学习新知识的过程,就是学习者积极主动地从自己已有的认知结构中,提取与新知识最有联系的旧知识,并加以整合的一个动态过程。为了模拟人类的认知过程,人们定义了符号逻辑对知识进行表示和推理,其中知识图谱就是典型代表之一。知识图谱是对人类知识的总结,语义丰富,利用知识图谱将人类知识引入深度学习模型中,有助于自然语言处理中的句子特征理解。基于数值计算的深度学习方法与基于符号逻辑的知识图谱(专家知识)需要融合,只有这样才能把现有基于浅层语义分析方法提升至能解决更深层、更高级的符合人类认知过程的深层语义分析方法。本书提出构建情感分析知识图谱 SAKG,将知识融入深度学习模型,有助于帮助我们更加准确地分析车友评论,获取用户的真实观点和情感表达。

任务定义:给定句子 S,判断 S 表达的是积极的情感还是消极的情感,积极的情感标记 1,消极的情感标记 0。句子级情感分析任务是判断句子整体的情感极性,这里有一个潜在的假设是:一个句子中只表达一种观点,即只含有一种情感。针对在线评论存在大量领域专门术语、网络用语以及特征词缺省等问题,本书假设一个句子由 n 个词语组成 $S = [w_1, w_2, ..., w_n]$,w 表示句子中的词语,其中词语 w_i 构成情感知识三元组 $<w_i — o_i — p_j>$,w_i 表示观点词,o_i 表示评价对象类目,p_j 表示情感极性,本书将情感知识图谱 SAKG 中的情感知识嵌入句子中,以提高句子级情感分析的效果。

3.3　情感知识图谱 SAKG 的构建

知识图谱表示学习是将知识图谱中用符号表示的实体和关系投影到低维向量空间中,这种表示能够体现实体和关系的语义信息,能够高效地计算实体、关系之间的复杂语义关联。词的分布假说认为上下文相似的词,其语义也相似,这样自然语言中篇章、句子、对话等较大的语言单元就可以通过词语的语义组合得到。深度学习中这种完全数据驱动的方法存在明显的不足,如不能区分上下文相似的两个词语,是"近义词"还是"反义词"。为了使词的分布表示能蕴含更多语义信息,特别是人类认知过程积累的知识体系,很多研究者把常识知识、语言知识、句法分析知识融入词的表示学习,从而提高深度学习模型在语义理解上的效果和可解释性。

除了常识知识,知识还包括情感知识、场景知识、语言知识等。知识的经典表示理论包括逻辑、语义网络、框架、脚本等。知识图谱主要针对事物、概念、属性和关系进行建模,在知识图谱中,节点表示事物或概念,边对应它们之间的关系。知识图谱可以看作是语义网络的工程实现,对类别和属性关系没有严格的描述和定义,现有的知识图谱大多采用语义网络的 RDF 三元组进行知识表示。

SAKG 是情感分析知识图谱 sentiment analysis knowledge graph 的简称。情感分析知识图谱的构建流程包括在线评论采集与预处理、实体属性关系抽取、领域评论知识图谱构建等过程。知识图谱利用语义网络描述概念、实体及其相互关系,使得语义理解与知识推理成为可能,基本组成单位是"实体—关系—实体"以及"实体—属性—属性值"三元组。据此,我们把在线评论知识图谱构建为<情感词,方面,情感极性>,补充商品本体知识图谱<实体,关系,实体>,其中关系有{方面,属性,部件,别名,品牌,厂商,……},实现对在线评论的情感分类任务。不同于传统的文本语义理解,知识图谱是对文本从实体、关系、概念的知识维度去做全方位的解析,提供下游任务所需的知识,对于上下位稀疏的短文本以及特定领域的文本分析会有明显效果。SAKG-BERT 的模型构建流程如图 3-1 所示。

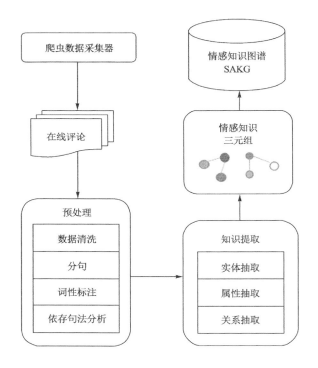

图 3-1 情感知识图谱构建流程

(1) 在线评论采集与预处理

利用爬虫程序从社交媒体、电商平台上爬取在线评论。为了提高特征词抽取的覆盖率,同时爬取部分商品的测评信息及商品说明信息。数据预处理经过去重、去除特殊符号、过滤关于其他车型的评价进行清理。针对在线评论中一个句子可能同时包含多个特征描述,还需要将句子划分为子句。

（2）知识三元组的抽取

可以从两方面构建知识图谱，一是通过电商评测信息和配置信息，收集领域概念和概念之间的关系，人工建立领域知识图谱；二是对采集到的评论文本进行分词、词性标注、依存句法分析，识别句子中的评价对象、观点词，构建情感分析知识图谱。

商品的相关属性包括：① 厂商，即商品的生产厂家；② 品牌是一种商品的识别标志，代表了用户对某类产品及产品系列的认知程度；③ 产品型号；④ 组成部件或产品零部件；⑤ 性能属性可以分为功能、质量、性价比、服务等多个框架。构建成"产品—别名—×××""××—属性—功能""××—属性—服务"等产品知识三元组。

对评论文本进行分词、词性标注、依存句法分析，识别句子中的观点词、评价对象，构建情感知识三元组，三元组如"观点词—评价对象—情感极性"。

（3）构建情感知识图谱

知识图谱是一种图结构，其中实体可以被视为节点，实体之间的关系作为节点之间的边。目前较为流行的图数据库有 Neo4j，Titans，OrientDB 和 MangoDB 等，本书使用 Neo4j 导入抽取的实体属性关系，"情感词—方面—正（负）评"三元组，构建图数据库。情感语义标注一般采用基于词典和规则的方法较为直接，但是对未登陆词的标注效果不佳。因此我们在构建知识图谱的过程中，对评论文本进行分词、依存句法分析，获取"情感词—评价对象"词对，通过人工标注，对采集的数据进行实体属性关系提取，提高召回率，最终得到"观点词—评价对象—情感极性"三元组。

图 3-2 以汽车评论为例展示了情感知识图谱 SAKG 的部分关系三元组。我们注意到在知识三元组的抽取过程中，除了观点词、评价对象和情感极性，还应注意否定词，如果忽略否定词会导致抽取的情感词、方面词的情感极性翻转，与句子情感极性不一致。

针对用户评论中包含大量领域专门知识，通过加入产品本体知识图谱，提高模型的领域适用性。针对用户评论中存在整体评价、组成部件评价、功能评价交叉混杂的现象，对用户评价中出现的产品组成部件、功能属性进行归纳，提出评价框架的概念，以简化知识图谱，降低句子级情感分析模型复杂度和数据处理的难度。针对评论句子中包含大量网络用语的问题，通过将这些网络用语处理为知识三元组，如"给力—情感—正评"，提高情感分析的准确率。针对评论中存在大量的特征词缺省或者评价词缺省现象，通过在句子中嵌入知识三元组，实现了评价对象的补全。

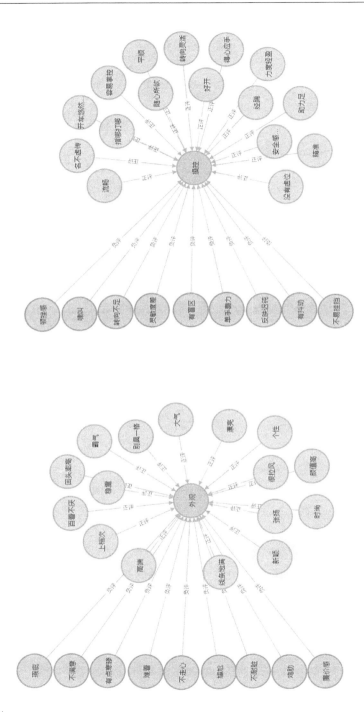

图 3-2　汽车评论情感知识图谱（部分）

3.4 SAKG-BERT 模型

本书提出的 SAKG-BERT 模型整体结构如图 3-3 所示,通过融合知识图谱和深度学习技术提高情感分析的准确率,改善深度学习模型对大规模数据的依赖。该模型的具体步骤包括:输入层、知识嵌入层、句子表示层、编码层、输出层。

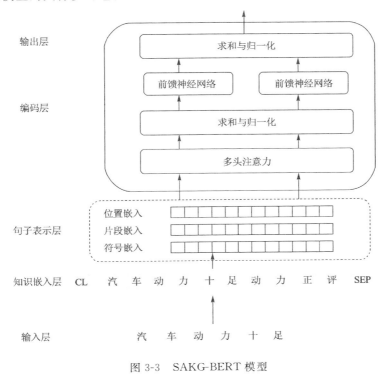

图 3-3 SAKG-BERT 模型

3.4.1 输入层

输入层(input layer):SAKG-BERT 模型使用 BERT-wwm 对中文句子进行编码,因此在数据输入层,不需要对评论句子进行分词。BERT-wwm 是对 BERT 的改进,使用全词 mask,即连续 mask 所有能组成中文词语的字。只需对句子进行去重、分句、删除情感冲突的句子等简单的预处理即可。句子级情感分析假设句子中所有方面的情感极性一致,因此,我们在对评论文本进行预处理过程中,删除了存在情感极性冲突的句子。

3.4.2 知识嵌入层

知识嵌入层(inject knowledge)的主要任务是嵌入情感知识三元组。首先,根据已构建的评论情感知识图谱 SAKG,将知识融入句子中。句子所表达的情感是由句子中的观点词和方面词共同决定的,两者相互依存。因此在句子中嵌入情感知识三元组,特征词一般是名词或动词,部分特征词由于车友评论的随意性和上下文语境而省略,利用情感知识图谱进行隐性特征词补全,以构成语义完整的显性知识。在这里为了方便情感知识的嵌入,我们将核心情感词及其否定副词、程度副词一并作为观点词。

我们用 S 表示句子,句子由词语 w 表示,w_i 表示其中第 i 个词,n 表示句子的长度。

$$S = \{w_1, w_2, \cdots\cdots w_n\}, \tag{3-1}$$

$$T = Inject(S, k) = \{w_0, w_1, \cdots\cdots w_i\{(o_j, p_j)\cdots(o_k, p_k)\}\cdots w_n\}, \tag{3-2}$$

输入一个句子,首先通过嵌入情感词—方面词—情感极性三元组,获得句子的表示。句子中的词语 w_i 构成情感知识三元组 $<w_i-o_j-p_j>\cdots<w_i-o_k-p_k>$,$w_i$ 是句子中出现的观点词,$o_j、p_j$ 表示观点词 w_i 在 o_j 方面的情感极性是 p_j,o_k、p_k 表示观点词 w_i 在 o_k 方面的情感极性是 p_k,这体现了同一观点词在对不同方面评价时可能表达的情感极性不同。将知识图谱 SAKG 中的情感知识三元组嵌入句子中,构成富含情感知识的句子表示,如图 3-4 所示。

图 3-4　句子表示

3.4.3 句子表示层

句子表示层(embedding layer)利用 BERT 对输入句子进行编码学习。BERT 是一个基于 transformer 的双向预训练语言表示,它是谷歌公司通过超大规模数据、模型和极大的计算算力训练得到的,BERT 使用[Mark]遮蔽其中某个单词,并使用上下文来预测[mask]的深度双向表示。在 BERT 中,输入的向量是由三种不同的 embedding 求和而成的。

在进行知识嵌入后,对句子进行向量化表示,计算对应的符号嵌入(token

embedding)、片段嵌入（segment embedding）和位置嵌入（position embedding）进行求和来构造。其中 token embedding 是单词或中文中的字在预训练词典（vocab）中对应的表示，segment embedding 是划分句子 a 和句子 b，这一般用于预测下一句（next sentence prediction）任务，如果是单句子只使用句子 a，这里由于是对单独句子进行情感极性分类，只使用句子 a，position embedding 是每个单词对应的位置信息表达，如图 3-3 所示。句子表示就是由字的 token embedding＋segment embedding＋position embedding 来表示的。

3.4.4　编码层

模型的编码层是 Transformer 的 encoder 单元，由一个多头注意力（multi-head-attention）和归一化层（layer normalization）以及前向神经网络（feedforword）叠加产生，如图 3-5 所示。多头注意力将多个不同单头的自注意力输出连接（concat）成一条，然后再经过一个全连接层降维输出。多头注意力机制对输入数据进行计算，计算公式如下：

$$\mathrm{Att}(Q,K,V)=\mathrm{softmax}\left(\frac{QK^{\mathrm{T}}}{\sqrt{dk}}\right)V \tag{3-3}$$

$$V_i=\mathrm{Linear}(W_i\mathrm{concat}(Att_1,Att_2,\cdots\cdots,Att_h)+b_i) \tag{3-4}$$

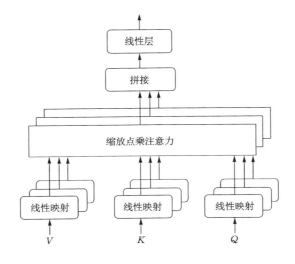

图 3-5　多头注意力机制

其中 $Q=K=V$，表示每个词都要和同一句子中的所有词计算注意力。每个注意力的计算都包括计算词之间的相关度，对相关度进行归一化，通过相关度和所有词的编码进行加权求和获取目标词的编码。在这里 softmax 归一化方法使用的是 RELU。d_k 是 K 向量的维度，$\sqrt{d_k}$ 缩放因子有效地控制了梯度消失。

$$\text{ReLU}(x) = \max(0, x) = \begin{cases} 0 & x < 0 \\ x & x \geqslant 0 \end{cases} \tag{3-5}$$

在 BERT base 模型中,每个头(head)的神经元个数是 64,Q、K、V 则是 512 ×64 的矩阵,12 个头总的神经元个数为 768,12 个注意力计算得到 12 个矩阵横向连接(concat),得到 512×768 大小的多头输出,这个输出再接一层 768 的全连接层,最后计算出整个多头注意力的输出。BERT Large 中有 24 层,每层 16 个 heads。

3.4.5 输出层

输出层(output layer)是对句子的情感分类进行预测。情感分类根据层次化注意层提取的情感特征和输入的目标方面判断句子整体的情感类别。通过全连接层 softmax 函数来预测情感极性,如公式:

$$P_y(y|x) = \text{softmax}(W_y + b_y) \tag{3-6}$$

$$J_\theta = -\frac{1}{N} \sum_{i=1}^{N} y_i \lg P_\theta(y_i \mid x_i) + \beta \frac{1}{N} \sum_{i=1}^{N} L^s + \lambda \mid |\theta| \mid^2 \tag{3-7}$$

训练过程 Forward 方法中已定义好损失函数,使用交叉熵(cross-entropy)计算损失函数,不需要重新改写。优化算法使用 Adam 优化器,虽然 SGD 优化算法效果很好,但是它收敛速度慢,因此在训练大型网络时,使用 Adam 优化器非常有效。

由于不同的情感词在不同的方面可能表达不同的意思,如情感词"大"在表示汽车内部"空间"时是正面的,但在表示汽车"胎噪"时却是负面的,因此模型在情感分类时将目标方面向量也作为情感分类特征,融入的知识图谱模型可以很好地捕捉特征知识。

3.5 实验与结果分析

3.5.1 数据集

(1) CarReview

由于汽车是高卷入度产品,消费者在购买之前一般会通过各种渠道详尽了解汽车品牌的相关信息。为了准确地获取汽车评论的情感极性,本书从汽车之家(https://www.autohome.com.cn/)和新浪汽车频道(https://www.auto.

sina. com. cn/)抓取了 20 个不同型号的 SUV,这些车型包含了 2018 年的十大畅销 SUV,每个车型选取了 10 位不同车友的评论。进行了句子划分、删除存在情感语义冲突的句子后,我们得到了 5 600 个句子,并把这些句子按照 8∶1∶1 划分为训练集、验证集和测试集。对数据进行人工标注后,得到正面评论 4 860 条,负面评论 740 条。

之所以选择汽车评论数据作为实验数据一方面是因为汽车作为高卷入度的产品,用户选购汽车之前会做大量的"准备工作",除了到 4S 店试驾,由导购介绍推荐车型,更多的用户还想要获得其他消费者的真实用户评价,了解目标车型的口碑信息,不同消费者的关注点有很大不同,年轻的工薪阶层可能更关注油耗、性价比,商务用户可能更关注品牌和舒适性……因此汽车评论的用户观点挖掘、情感分析问题就显得亟待解决。另一方面,在线汽车评论具有典型的在线评论的特点:评论中存在大量汽车领域专门用语作为特征词,如胎噪、轮毂、麦弗逊独立悬架等,与其他商品评论相比专门术语更多、更加复杂;存在品牌评价、车型评价和车辆功能评价、部件评价的交叉混杂;车友评价使用了大量网络用语,如后排可以葛优躺、指哪打哪、开宝马坐奔驰;评论中存在大量特征词缺省或者评价词缺省现象。汽车评论数据如表 3-1 所示。

表 3-1　汽车评论数据示例

句　　子	情感极性
操控不错,方向盘没有虚位,拐弯时候很轻松。	1
搞不懂奔驰要凑什么热闹弄防爆胎,太硬了,胎噪大,过沟坎不重重的刹车减速就跟撞上去一样。	0
空间是真的大,加长后后排可以跷二郎腿,减震处理得很好,颠簸路面也不会很明显。	1

（2）ChnSentiCorp

ChnSentiCorp 是一个酒店评论、笔记本电脑评论和图书评论数据集,共有 12 000 条评论,包括 6 000 条正面评论和 6 000 条负面评论。随机选取了数据集中 9 600 个句子作为训练集(train. txt);1 200 个句子作为验证集(dev. txt)和 1 200 个句子作为测试集(test. txt)。表 3-2 是 ChnSentiCorp 数据示例,数据集中句子长度不一,平均句长 105 字。

表 3-2　ChnSentiCorp 数据示例

句　　子	情感极性
选择珠江花园的原因就是方便,有电动扶梯直接到达海边,周围餐馆、食廊、商场、超市、摊位一应俱全。酒店装修一般,但还算整洁。泳池在大堂的屋顶,因此很小,不过女儿倒是喜欢。包的早餐是西式的,还算丰富。	1
《四季时钟》真不错,插画非常精美,语言清新流畅,口吻活泼有趣。翻译质量很棒,用词精确生动。作为科普书籍,用词的简练和准确非常重要。小孩一拿到就非常专注地看起来了。我也跟着看了半天不舍得放～～～ 我最近发现那些童书好像买回来自己都一样爱看。所以,我现在真是不太关注所谓的年龄分段了。只要绘图是我喜欢的风格,故事是够让人愉悦的诉说方式,不管语言深浅,照单全收。	1
散热不太好! 显卡驱动太难找了,跟型号怎么也对不上,下了个上面说的英文网站的显卡驱动,玩红警都有点卡,不知道为什么!	0

3.5.2　实验基线模型

SAKG 是从语料中抽取"情感词—方面词—情感极性"三元组构建的情感知识图谱,从汽车评论数据集的数据中抽取了 417 个三元组,如"胎噪大—舒适性—负评";从 ChnSentiCorp 数据集中抽取了 460 个三元组,如"值得一看—内容—正评""指纹收集器—屏幕—负评"。HowNet 知识图谱中包含 34 220 个三元组,这些三元组的形式为"word—contain—sememe",如"后备厢—义原—部件""后起之秀—义原—人"。

（1）BERT-wwm

SAKG-BERT 是在 BERT 基础上融合情感知识图谱提出的模型,因此,我们将 BERT 作为基线模型。由于中文的汉字组合成不同的词语,语义有较大的差别,为了遮盖中文中的词语而非字,哈尔滨工业大学和科大讯飞股份有限公司联合实验室提出了 BERT-wwm[129]。BERT-wwm 使用了更大规模的语料训练 BERT 模型,其中包括百科、问答、新闻等语料,总词数达到 5.4B,在中文任务上使用可以直接替换预训练模型,不需要更改其他文件,并且结果优于 BERT 模型。

（2）K-BERT

HowNet 是一个大型中文语言知识库,它将义原作为最小的语义单元来描述词汇。HowNet 的标注思路不同于 WordNet,后者采用同义词集（synset）的形式标注单词的语义知识。HowNet 因其丰富的语义知识,在计算相似度、信息检索、文本分类等领域都有重要的应用价值。孙茂松等将义原知识融入分布式表示学习模型中,有效提升了词向量性能[130]。K-BERT 模型将 HowNet 作为知识库引入 BERT 模型中,对每一个句子中包含的实体抽取其相关的三元组,这里的三元组被看作是一个断句,与原始的句子合并一起输入给 Transformer 模型,并采用基于可见矩阵的 mask 机制,在命名实体识别等自然语言处理领域取得了较大提升[131],但是在情感分类任务上效果不明显。

3.5.3　参数设置

实验使用预训练 BERT 模型进行微调,BERT-wwm 中向量的维度为 768,模型的参数规模是 390M。深度学习模型在小型数据集上的实验结果受实验参数的影响,表 3-3 中列出了实验采用的相关超参数。

表 3-3　实验参数设置(汽车评论数据集)

实验参数	数据
批量大小 Batch_size	16
句子长度 Pad_size	60
学习率 Learning rate	2e−5
迭代次数 Epoch_number	4

如图 3-6 所示,Pad_size 参数设置受数据集中句子长度的影响,作用是将不同长度的句子处理为相同句长,句子长度不足时补 0,句子长度如果超过 Pad_size 则切断,这个值设置过小会丢失句子信息,设置过大会也影响实验效果,同时可能超出 GPU 内存。因此不同数据集的句子平均长度、最大长度有所不同,应根据具体情况分析。批量大小 Batch_size 是单次训练中的样本数量,这个参数受 GPU 内存的限制,如图 3-7 所示。Epoch 设置了迭代的次数。学习率(Learning rate,lr)是在优化方法中的更新权重,这个是经验值,BERT 模型一般取{1e−4,2e−5,4e−5,5e−5}[132]。通过网格搜索法发现,Pad_size＝60,Batch_size＝16 时准确率取得最优结果,学习率 Learning rate 设置为 2e−5,迭代次数设置为 4,如表 3-3 所示。

实验使用准确率、召回率和 F_1 值作为模型性能的评价指标,具体计算公式如下:

$$P = \frac{TP}{TP+FP} \tag{3-8}$$

$$R = \frac{TP}{TP+FN} \tag{3-9}$$

$$F_1 = \frac{2PR}{P+R} = \frac{2 \times TP}{2 \times TP+FP+FN} \tag{3-10}$$

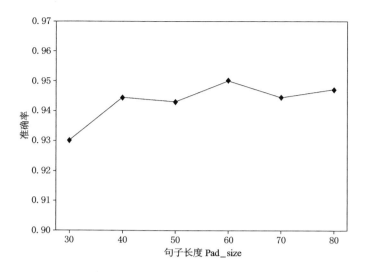

图 3-6　不同的句子长度 Pad_size 参数设置模型精度变化趋势

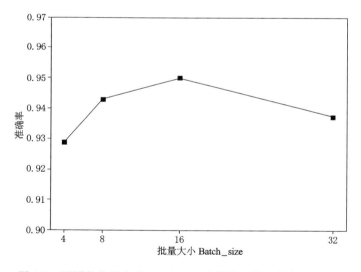

图 3-7　不同的批量大小 Batch_size 参数设置模型精度变化趋势

$$Acc = \frac{TP + TN}{TP + FN + FP + TN} \tag{3-11}$$

式中，TP 表示预测正确的正评数量；FP 表示预测错误的正评数量；P 表示情感分类的准确率（precision），提高准确率意味着更少的误报；R 表示召回率（recall），用于衡量情感分类的灵敏度。

3.5.4 实验结果分析

（1）汽车评论数据集上的实验结果及分析

构建 SAKG 情感知识图谱，首先对爬取的汽车评论数据集进行去重、数据清洗、分句等预处理。本书从两方面构建特征本体，一是通过车辆评测信息和配置信息，收集汽车领域的概念和概念之间的关系，人工建立 20 款车型的相关汽车领域知识图谱；二是对采集到的评论文本进行分词、词性标注、依存句法分析，识别句子中的评价对象、观点词，构建汽车领域的情感分析知识图谱。

汽车领域的相关属性包括：① 厂商，如上汽通用五菱、东风日产、长城汽车等；② 品牌，如大众、奔驰、丰田等；③ 车型，如途观 L、昂科威、RAV4 荣放等 20 个 SUV 车型；④ 组成部件，如发动机、变速箱、方向盘、悬架、刹车片、轮胎、后视镜等，通过导入汽车零部件 356 个；⑤ 性能属性，包括动力、操控、空间、外观、内饰、舒适性、配置、性价比等 8 个框架。构建成"丰田霸道—别名—丰田普拉多""方向盘—属性—操控""刹车—功能—操控""尾灯—属性—外观"等车辆知识三元组。产品本体知识图谱的构建可以利用已有的产品知识库，实现知识的有效共享和重用，如汽车本体库、行业知识库等。

本书抽取观点词、评价方面，得到情感知识三元组如"时尚大气—外观—正评""偏高—油耗—负评"。为了方便处理直接对品牌、厂商的评价，如"日系车的通病，车漆太薄"，构建"生产厂商—品牌—车型"的汽车本体知识。在表 3-4 中，可以看到对于汽车操控的评价，具体包括方向盘、刹车片、变速箱等汽车的组成部件，还包括刹车、换挡、起步、拐弯、行车等汽车的功能属性，为了简化处理，提高句子级情感分析的效果，本书归纳了汽车评论的 8 个框架，即动力、操控、空间、外观、内饰、舒适性、配置、性价比。我们注意到在表 3-4 中，在知识三元组的抽取过程中，除了情感词、方面词和情感极性，还应注意否定词，如果忽略否定词会导致抽取的情感词、方面词的情感极性翻转，与句子情感极性不一致。句子级情感分析假设句子中所有方面的情感极性一致。因此，本书在对评论文本进行预处理过程中，删除了存在情感极性冲突的句子。

表 3-4　实体属性及情感词抽取——以汽车评论为例

框架	属性/功能	情感词（情感极性）
操控		流畅（正评），平顺（正评），得心应手（正评），安全性可以（正评），虚位没有（正评），路感没有（正评），力度轻盈（正评），开车悠然自得（正评），脱困能力强（正评），雨雪天没影响（正评）

表 3-4（续）

框架	属性/功能	情感词（情感极性）
操控	方向盘	转向灵活（正评），回馈适中（正评），没有虚位（正评），转向精准（正评），操控自如（正评），指哪打哪（正评），容易掌控（正评）； 沉（负评），单手比较费劲（负评），略感敏感，需小心（负评）
操控	刹车/刹车片	性能好（正评），灵敏（正评），一踩就有（正评），不软不硬适中（正评），及时（正评）；点头（负评），比较肉（负评），刹车片啸叫（负评），有异响（负评）
操控	换挡/变速箱	速度快（正评），平顺（正评），发动机和变速箱的匹配度好（正评）； 有顿挫（负评），不顺畅（负评），不易挂挡（负评），离合踏板位置有点高（负评）
操控	起步	快（正评），平顺（正评），轻盈（正评）； 有抖动（负评），不畅（负评），有点肉（负评）
操控	行车	高速行车稳（正评），给油反应迅速（正评），平稳（正评），不发飘（正评），通过性强（正评），没有过不了的坎，没有超不过的车（正评）
操控	拐弯	从容（正评）； 倾侧厉害（负评），有盲区（负评）

根据已构建的评论情感知识图谱 SAKG，将知识融入句子中。在情感知识图谱中包含了大量从在线评论中抽取的网络用语，组成三元组如"后排可以葛优躺—空间—正评""颜兽—外观—正评"。如表 3-5 所示，是对短句进行语义标注的示例，为了保证情感极性的一致性，将否定词和程度副词一起作为观点词进行标注。类似"最满意""很喜欢"这种一般性的情感词，可以对应不同的评价方面而情感极性并不改变。为了提高情感知识图谱的适用性，情感知识图谱 SAKG 中将其评价对象标注为"情感"，而不标注为具体的评价对象。

表 3-5　短句语义标注示例

序号	分句	三元组	情感语义标注示例
1	外观新颖大气很喜欢	新颖—外观—正评 大气—外观—正评 很喜欢—情感—正评	外观新颖[外观正评]大气[外观正评]很喜欢[情感正评]
2	鸡肋配置：启停	鸡肋—情感—负评	鸡肋[情感负评]配置：启停
3	转向准，方向盘助力足，操控很容易	转向准—操控—正评 助力足—操控—正评 操控很容易—操控—正评	转向准[操控正评]，方向盘助力足[操控正评]，操控很容易[操控正评]

表 3-5(续)

序号	分句	三元组	情感语义标注示例
4	悬挂还是偏硬,颠簸感明显	悬挂偏硬—舒适性—负评 颠簸感—舒适性—负评	悬挂还是偏硬[舒适性负评],颠簸感明显[舒适性负评]
5	暂时没什么噪音	没……噪音—舒适性—正评	暂时没什么噪音[舒适性正评]
6	给点油能感觉到推背感	推背感—动力—正评	给点油能感觉到推背感[动力正评]

各种模型在汽车评论数据集上的测试结果如表 3-6 所示。在情感分析这个任务上,将构建的知识图谱嵌入到句子中,利用情感知识图谱融合预训练的算法(SAKG-BERT),在情感分类任务上有一定的提高。在句子中添加 HowNet,没有使准确率提高,反而有所下降,说明特定领域和开放领域的知识联系较少,知识太多会使句子偏离正题,就是所谓的噪音增加。解决这个问题可以预先训练一个特定领域的模型,而不使用公共的预训练模型,然而,预训练费时费力且价格昂贵,让大多数用户无法接受,尤其是工业界投入使用可行性受限。SAKG-BERT 模型的参数完全相同,无须预训练就可以在公开的 BERT 模型中很容易地融入领域知识,对于计算资源有限的用户非常友好。在图 3-8 中,SAKG-BERT 训练 4 轮就达到最优结果,而 BERT-wwm 需要训练 6 轮,K-BERT 需要12 轮,因此,SAKG-BERT 收敛更快,效率更高。

表 3-6 不同模型的实验结果(汽车评论数据集)

模型	准确率	召回率	F_1	Acc
BERT-wwm	Pos:97.1 Neg:86.4	Pos:93.9 Neg:93.2	Pos:95.5 Neg:89.7	93.7
K-BERT	Pos:95.8 Neg:79.8	Pos:91.7 Neg:89.0	Pos:93.7 Neg:84.2	91.0
SAKG-BERT	Pos:97.1 Neg:90.0	Pos:95.8 Neg:93.1	Pos:96.4 Neg:91.6	95.0

(2)公开数据集 ChnSentiCorp 上的实验结果及分析

由于 ChnSentiCorp 公开数据集包含了酒店评论、书籍评论、笔记本电脑评论,领域不同,评价对象差异也很大。在构建情感知识图谱时,本书将酒店评论的评价对象归纳为:位置、卫生、环境、设施、服务、性价比等六个评价框架;将书籍评论的评价对象归纳为:包装、印刷、内容、物流、服务等五个评价框架;将笔记本电脑评论的评价对象归纳为:屏幕/外观、性能、电池续航、物流、性价比、系统

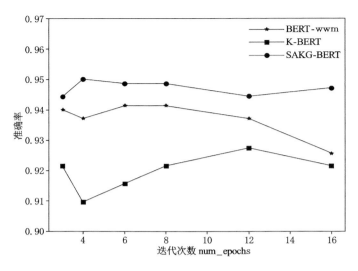

图 3-8　不同模型的实验结果(汽车评论数据集)

等六个评价框架。对于通用型的观点词如"很一般""很好""很不错",可以用于评价不同的评价对象且情感极性不变,这种通用型的观点词在情感知识图谱 SAKG 中,标注评价对象为情感,如表 3-7 所示。

表 3-7　短句语义标注示例

序号	分句	三元组	情感语义标注示例
1	这个宾馆比较陈旧了,特价的房间也很一般。	陈旧—设施—负评 很一般—情感—负评	这个宾馆比较陈旧了[设施负评],特价的房间也很一般[情感负评]
2	服务很好,周围很热闹,打车吃饭都很方便。房间干净整洁,虽然是四星的,但是总体感觉还是很不错,闹中取静。	很好—情感—正评 很热闹—情感—正评 很方便—位置—正评 干净整洁—卫生—正评 很不错—情感—正评 闹中取静—环境—正评	服务很好[情感正评],周围很热闹[情感正评],打车吃饭都很方便[位置正评]。房间干净整洁[卫生正评],虽然是四星的,但是总体感觉还是很不错[情感正评],闹中取静[环境正评]
3	VISTA 用起来不习惯,速度慢,分区麻烦,带了很多垃圾软件,卸载都麻烦。	不习惯—情感—负评 速度慢—系统—负评 麻烦—情感—负评 垃圾软件—功能—负评	VISTA 用起来不习惯[情感负评],速度慢[系统负评],分区麻烦[情感负评],带了很多垃圾软件[功能负评],卸载都麻烦[情感负评]

表 3-7(续)

序号	分句	三元组	情感语义标注示例
4	小巧,电池强劲,触摸板灵敏。720P 的电影都能正常观看。不玩大型 3D 游戏的话,日常应用足够了。送货速度很快。	小巧—外观—正评 强劲—电池续航—正评 灵敏—性能—正评 正常观看—性能—正评 足够了—性能—正评 送货速度很快—物流—正评	小巧[外观正评],电池强劲[电池续航正评],触摸板灵敏[性能正评]。720P 的电影都能正常观看[性能正评]。不玩大型 3D 游戏的话,日常应用足够了[性能正评]。送货速度很快[物流正评]
5	首先拿到这本书感觉就很好,里面的内容很详细,对即将或者刚刚为人父母的人来说比较有指导意义,书中的文字言简意赅,还有一些新生儿的特点以孩子的口吻说出,很有意思!	很好—情感—正评 很详细—内容—正评 有指导意义—内容—正评 言简意赅—内容—正评 很有意思—内容—正评	首先拿到这本书感觉就很好[情感正评],里面的内容很详细[内容正评],对即将或者刚刚为人父母的人来说比较有指导意义[内容正评],书中的文字言简意赅[内容正评],还有一些新生儿的特点以孩子的口吻说出,很有意思[内容正评]
6	这个书的排名言过其实,感觉里面的故事很多牵强附会,逻辑性差,不推荐买。	言过其实—内容—负评 牵强附会—内容—负评 差—情感—负评 不推荐买—情感—负评	这个书的排名言过其实[内容负评],感觉里面的故事很多牵强附会[内容负评],逻辑性差[情感负评],不推荐买[情感负评]

　　本书在公开数据集 ChnSentiCorp 上进行实验,实验结果如表 3-8 所示,SAKG-BERT 明显优于其他模型。我们在 ChnSentiCorp 数据上抽取出知识三元组,构建 SAKG 知识图谱,从而证明了模型的有效性。深度学习模型如 BERT、BiLSTM、Attention 机制等在命名实体识别、机器翻译、阅读理解、情感分析等不同的任务上准确率较传统方法有了很大提升,但过于依赖大规模数据。在深度学习中融合知识不仅准确率更高、收敛更快,还可以提高深度学习模型的语义表达能力。如 K-BERT 模型融合 HowNet 通用知识库,在命名实体识别任务上有了很大提升[130]。

表 3-8　不同模型的实验结果(ChnSentiCorp)

模型	准确率	召回率	F_1	Acc
BERT-wwm	Pos:91.9 Neg:95.5	Pos:95.6 Neg:91.7	Pos:93.7 Neg:93.6	93.6
K-BERT	Pos:93.0 Neg:93.5	Pos:93.5 Neg:93.1	Pos:93.2 Neg:93.3	93.3

表 3-8(续)

模型	准确率	召回率	F_1	Acc
SAKG-BERT	Pos:96.1 Neg:94.5	Pos:94.3 Neg:96.2	Pos:95.2 Neg:95.3	95.3

如图 3-9 所示,在文本情感分类任务上,在深度学习模型中加入 SAKG 情感分类知识图谱,明显比加入通用的知识更加有效。因此,如何尽可能地增加有用的知识而控制知识噪音就显得非常关键。在 HowNet 中,我们加入了更多的知识三元组(34 220 个),但是并没有获得预期的效果,可见盲目地增加知识对情感分类任务而言并不可行,在深度模型中增加知识不在知识三元组的数量,重点在于选取合适的知识三元组,否则会加入冗余信息,导致文本分类准确率的下降。BERT 模型和 SAKG-BERT 模型在 epoch=2 时,取得最好的效果,而 K-BERT 在 epoch=8 时,取得最好的效果,BERT-wwm 模型和 SAKG-BERT 模型收敛得更快。

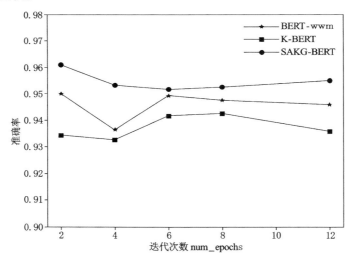

图 3-9　不同模型的实验结果(ChnSentiCorp)

(3) 扩展实验

① 使用全部三元组构建情感知识图谱。本书将汽车评论数据集中抽取到的全部三元组作为知识图谱嵌入,使用 SAKG-BERT 模型进行情感分析后,得到句子情感分析的 Acc 为 92.01,知识嵌入过多,造成了知识噪音,反而影响了模型情感分析的准确率。

② 使用"清华大学李军褒贬义词典"构建情感知识图谱。将"清华大学李军褒贬义词典"经过数据处理,转换成知识图谱,使用 SAKG-BERT 模型在汽车评论数据集上进行情感分析,得到句子情感分析的 Acc 为 91.24。实验结果表明情感知识图谱具有很强的领域相关性,没有从数据集抽取情感知识三元组,直接使用情感词典构建知识图谱,不能达到提高情感分析准确率的目的。

分析原因,可能在否定副词与情感词组合时发生情感极性反转,如"跟人出去都不好意思拿钥匙",在知识图谱嵌入时,将"好意—情感—正评"嵌入,情感极性识别错误。"中间地面没凸起,后排坐着不会难受",在知识图谱嵌入时,将"难受—情感—负评"嵌入,情感极性识别错误。说明在情感知识图谱构建时,应充分考虑否定词、程度副词,将两者和情感词一起作为观点词构建情感分析知识三元组。在深度学习模型中,嵌入领域相关度高的知识三元组,有助于提高模型进行句子级情感分析的效果。

③ 分析用户评论关注热点。对评论进行词频分析,绘制词云图,对评价文本数据进行可视化,可以很直观地看到车友积极评论最多的是:空间大、方向盘很轻、外观大气、油耗满意、指哪打哪,如图 3-10 所示,说明车友对购买车辆空间、外观和操控方面的满意度比较高。在负面评论的词云图 3-11 上,可以看到车友对购买车辆不满意的方面集中在:车漆薄、不舒服、提速慢、悬架偏硬和故障。

图 3-10　用户汽车评论"正评"的词云图

对于用户评论的情感分析及关注热点分析,可以为个性化推荐、企业产品市场细分、产品研发等提供科学依据。

图 3-11　用户汽车评论"负评"词云图

3.6　本章小结

本章提出了一种融合预训练和知识图谱的句子级情感分析方法 SAKG-BERT。首先分析了在线评论文本特点,针对评论中存在大量网络用语、评价对象缺省、观点词的情感极性随评价对象改变等问题,提出了构建情感知识图谱的方法,不同于实体关系三元组,情感知识图谱把<观点词—评价框架—情感极性>作为知识三元组,存储在 Neo4j 图数据库中。然后把情感三元组作为知识被嵌入到句子中,以提高情感分类的准确率。通过情感三元组,隐含的评价对象也被嵌入(补全),为隐性情感分析提供了一种解决方法。由于中文情感分析数据集较少,本书爬取汽车评论,构建了汽车评论数据集,并人工标注了句子的情感极性。在构建的汽车评论数据集和 chnSentiCorp 公开数据集上分别建立情感分析知识图谱,这种构建方法可以快速地迁移到书籍、酒店和笔记本电脑等不同领域的在线评论。本书使用 SAKG-BERT 模型在上述两个数据集进行实验,SAKG-BERT 模型可以获得准确性的提高,实验结果证实了模型的有效性和可行性。最后,本书进行了扩展实验,分别使用全部知识三元组、使用情感词典构建情感知识图谱,讨论了情感知识融入深度学习模型的方式。

4　基于 AOCP 标注体系的
端到端细粒度情感分析

4.1　引言

　　方面级情感分析(aspect-based sentiment analysis,ABSA)是一种细粒度的情感分析。方面级情感分析从方面特征粒度上分析文本的情感分布。本书第 3 章提出了融合知识图谱和深度学习技术的基于 SAKG-BERT 中文评论句子级情感分析,实验结果分析表明,用户对商品不同方面会有不同的观点和态度,因此需要对评论文本进行更细粒度的情感分析。方面级情感分析为政府及时调研热点事件舆情、企业获得用户对产品和服务的诉求提供参考。方面级情感分类可以提供产品或服务的精准画像,为商家及用户提供不同维度的评估。用户商品评论一般是短文本,存在内容稀疏、用语不规范、特征信息难以准确提取等问题。一些句子中存在隐式评价对象或隐式情感词,如汽车评论中"大气,稳重,方向指哪打哪。"其中"大气,稳重"是描述汽车外观的,此处评价对象缺省,"方向指哪打哪"描述汽车的操控,方向盘灵敏,评价对象缺省。也存在不使用情感词的观点表达,如酒店评论中"五星级酒店里没有游泳池",汽车评论中"落地 40 多万的车,出厂不带无钥匙进入,还得拿出钥匙来按。"这里虽然没有明确的情感词,表达的情感是消极的。对隐式评价对象和情感词的挖掘是情感分析的一个难点也是热点问题。用户评论句子中往往出现对产品的多个属性或功能进行评价,细粒度情感分析需要抽取出多个方面词,还要详细分析多个方面词分别对应的情感词,这是细粒度情感分析研究着重解决的问题。

　　细粒度情感分析的主要工作可以分为以下部分[133]:

　　(1)方面词提取(aspect term extraction,ATE),即情感词评价的对象或者属性,如手机评论中的屏幕、拍照效果、电池、性价比等,从词性上分析一般是名词或名词性短语。

　　(2)观点词提取(opinion term extraction,OTE),即评价词,一般是形容词或动词,如手机评论中的(物流)很快、(屏幕显示)清晰。

　　(3)方面词、观点词联合抽取(aspect term and opinion term extraction,AOE)即对句子中评价对象和评价词都进行抽取,并分类标记。

（4）方面词和观点词配对（Pair），这一任务在方面词提取、观点词提取的基础上，还要进行方面词和观点词的配对。很多细粒度情感分析模型假设句子中只有一个方面词，没有进行方面词和观点词的匹配。实际情况是用户评论中会涉及产品及服务的很多方面、属性，如酒店评论中对卫生、设施、交通、服务等不同方面进行评论，不同方面对应不同的观点词，甚至对不同方面表达了不同的情感极性。

（5）方面情感分类（aspect sentiment classify，ASC）对方面的情感极性进行判断，也是情感三元组提取的关键任务。给定句子和方面，判断该方面的情感极性。

（6）情感三元组的提取（aspect sentiment tripled extraction，ASTE），通过对文本进行分析，获取其中的方面词、情感词和情感极性三元组，从 what、how 和 why 三个角度全面地分析句子情感极性。方面词提取 ATE 对应情感分类"是什么（what）"的问题，情感词提取 OTE 对应情感分类"为什么（why）"的问题，方面情感分类 ASC 对应情感分类"怎么样（how）"的问题。例如句子"前脸很霸气，内饰做工精细，操控很精准，车内噪音处理得不好。"其中"前脸""内饰做工""操控""噪音"是方面特征，"霸气""精细""精准"是观点词，对应的情感极性是正评（positive），"顿挫感"是观点词，情感极性是负评（negative），隐含的方面词是"操控"。

（7）方面类别检测（aspect category detection，ACD）对评价实体的属性或组成部分进行分类。实体的属性或部件可以是句子汇总出现的名词、动词，也可以缺省，如"BBA 太贵了，买不起。"其中观点词是太贵了，评价对象是价格，句子中省略了。为了简化问题，这里我们设定汽车评价的方面词为 8 个框架大类（category），分别是：空间、外观、内饰、动力、操控、舒适性、配置、性价比。手机评价的方面词分别是整体、拍照/屏幕、系统性能、外观、服务等 5 个框架大类。很显然，领域不同，方面类别 category 的种类、数量会有很大变化。ACD 任务的分类类目划分可以通过领域本体知识，如《汽车车身术语》（GB/T 4780—2020），也可以通过对 ATE 任务进行聚类分析得到。SemEval2014 任务 3 中给出了 category，如 food，service，price 等。

4.2　任务定义

任务定义：细粒度情感分析将用户观点定义为一个四元组（a，o，c，p），其中 a 是用户评价的方面 aspect，可以是实体属性或组成部件，也可以是整体；o 是用户评论中使用的观点词 opinion；c 是用户评论对象属于的方面类型 category；

p 是用户评价的情感极性 polary，用 POS 代表积极的情感，NEG 代表消极的情感。对于细粒度情感分析的不同任务，输入输出也不同，如表 4-1 所示。对于 ATE 任务，输入句子，输出方面词 a；对于 OTE 任务，输入句子，输出方面词 o；对于 AOE 任务，输入句子，输出方面词 a 和观点词 o；对于 Pair 任务，输入句子，输出方面词—观点词对 a—o；对于 ASC 任务，输入句子和特定方面词 a，输出给定方面的情感极性 p；对于 ACD 任务，输入句子，检测出评价的对象类别 c；对于 ASTE 任务，输入句子，输出"方面词—观点词—情感极性"三元组 a—o—p，方面词 a 和观点词 o 的匹配是任务的难点也是重点；对于 ALSC 任务，输入句子，输出句子中出现的所有方面词 a 对应的情感极性 p。

表 4-1　细粒度情感分析不同任务的输入和输出

句子	手机包装很好无破损，款式好看，屏幕细腻够大很清晰，拍照效果很棒，性价比蛮高。	
任务	输入	输出
ATE	句子	方面词 a： 包装，款式，屏幕，拍照效果，性价比
OTE	句子	观点词 o： 很好无破损，好看，细腻够大很清晰，很棒，蛮高
AOE	句子	方面词 a：包装，款式，屏幕，拍照效果，性价比； 观点词 o：很好无破损，好看，细腻够大很清晰，很棒，蛮高
Pair	句子	方面词—观点词 a—o： 包装—很好无破损，款式—好看，屏幕—细腻够大很清晰，拍照效果—很棒，性价比—蛮高
ASC	句子＋方面	给定方面—情感极性（给定 a，输出 a—p）： 拍照—POS
ACD	句子	方面类别 c： 服务，外观，拍照/屏幕，整体
ASTE （Triplet）	句子	"方面词—观点词—情感极性"情感三元组 a—o—p： 包装—很好无破损—POS， 款式—好看—POS， 屏幕—细腻够大很清晰—POS， 拍照效果—很棒—POS， 性价比—蛮高—POS
ALSC	句子	方面—情感极性 a—p： 包装—POS，款式—POS，屏幕—POS，拍照—POS，性价比—POS

使用了 AOCP 标注体系,实现了端到端的细粒度情感分析模型,标注了一个中文细粒度情感分析数据集。因情感分类与观点词相关度较高,所以在句子中的观点词上标记情感分类;因句子中存在多个方面词,所以在方面词上标记对应观点词的相对位置,这样就解决了方面词—观点词匹配的问题。实验采用 BERT+CRF 模型进行端到端的学习,在中文细粒度情感分析数据集上的实验结果验证了 AOCP 标注体系的有效性。

4.3 相关工作

(1)序列标注方法

序列标注问题可以进行分词、词性标注、命名实体识别等自然语言处理的常见任务,常见的序列化标注问题的解决方案包括最大熵模型、CRF、HMM 模型。常见的序列有时序数据、文本句子、语音数据等。序列的特点有节点之间有关联依赖性、节点是随机的,序列是线性变化的或非线性变化的。

序列标注的任务就是给每个汉字打上一个标签,对于中文分词任务的序列化标注过程,首先将输入的句子看作是一系列字组成的线性输入序列,分词任务一般采用的标签是{B,M,E,S},其中 B 代表这个字是词语的开始,E 代表这个字是词语的结束,M 代表这个字是词语中间的字,S 代表单字词语。汉语中没有显式的词边界,词性标注一般采用先分词后词性标注的串行方法,会造成误差传播,一些学者提出使用序列化标注联合模型解决分词和词性标注问题[134]。

命名实体识别任务需要识别出句子中出现的实体,通常实体包括人名、地名、组织机构名等。因此,对于命名实体识别问题的序列标注,常用的标签是{B—PER,I—PER,E—PER,S—PER,B—LOC,I—LOC,E—LOC,S—LOC,B—ORG,I—ORG,E—ORG,S—ORG,O},其中—PER 代表人名,—LOC 代表地名,—ORG 代表机构名,B、I、E、S 分别代表当前字是实体短语的开始、中间、结束和单字词。针对传统的事件抽取系统采用分类方式,无法解决跨句子的事件角色和事件类型匹配问题,王晓浪等提出一种序列标注方法提取事件论元并匹配事件类型的联合抽取方法[135]。L. Xu 等使用序列标注方法,利用双向 LSTM 获得输入的上下文表示序列,CRF 层学习实体类别之间的一些限制和规则,在命名实体识别任务上取得了可喜的成绩[136]。本章使用的 BERT+CRF 算法基于该模型进行了算法改进。

(2)端到端的模型

端到端的模型是指在深度学习模型中,以往需要多个步骤完成的复杂任务,在端到端的一个神经网络中完成,所有参数实现联合学习。在情感三元组抽取任务中,工业界主流的方案是基于管道模型(pipeline)的方案,首先抽取属性词和情感词,然后抽取两者关系,最后通过句子级情感分析获得情感极性。不可避免会出现误差叠加和放大,前置模块的准确率会直接影响后续模块的效果,如方面词与观点词的识别、方面词与观点词的匹配会出现误差叠加和传递,计算效率也不高。方面级情感分析归纳起来有 7 个子任务,现有的大部分研究都聚焦在某个子任务上,针对这一问题,H. Yan 等提出了一个统一的生成框架来解决所有 ABSA 子任务,使用数字标注方面词和观点词的起始位置,使用 POS、NEG 分别标注正评、负评[137]。何军提出了一个 SUM-ASTE 模型,针对管道模型方法中方面词与观点词配对过程存在误差传递问题,引入方面词的区间特征,在区间内提取对应的观点词,从而达到方面词和观点词匹配的目的,实验证明在三元组提取任务上有较好的表现[138]。R. Fan 等提出了一种带有范围控制器的端到端神经网络模型,在情感原因对抽取任务上的准确率得到了提高[139]。

已有的工作在分词、词性标注、命名实体识别、事件抽取等不同的任务上,使用序列化标注进行了有益的探索,端到端模型在最终任务上取得了性能的提高,避免了误差的累积,并降低了模型的时间复杂度。

4.4 AOCP 标注体系

经过分析,为实现细粒度情感分析的 7 个子任务,只需抽取出方面词、观点词,对方面词进一步抽象为几个大类,根据方面词和观点词进行情感分类,对任务进行凝聚,需要分析出句子中包含的"方面词—观点词—类目—情感倾向"(aspect-opinion-category-polarity)四元组,简称 AOCP。一个句子中可能包含多个方面,分别属于不同的类目,对应不同的观点词,因而表达的情感极性也不同,如积极的情感和消极的情感或中性。

与分词任务和命名实体识别任务不同,目标不同,对于细粒度情感分析任务,我们不仅需要识别出句子中的方面词、观点词有哪些,还要将这些方面词与观点词准确匹配,并标注观点词的情感极性。因此我们提出了 AOCP 标注体系,其中 A 代表这个字属于方面词(aspect),O 代表这个字属于观点词(opinion),C 代表方面类目(category),P 代表观点的情感极性(polarity){POS,NEG}。情感极性与观点词密切相关,因此对于观点词标注为 O—POS 或者 O—NEG,分别代表积极情感的观点词、消极情感的观点词,通过在 L、R 进行方面词和观点词的匹配,如果观点词在右边,则在方面词标记 A—R,反之,则标记 A—L。

4.4.1　方面词和观点词的标注

为了实现方面级情感分析任务,本书对句子序列中的方面词标注 A(aspect),对观点词标注 O(opinion)。在对数据集的实际分析中,存在大量方面词缺省现象,在商品评论中"还赠送了贴膜和保护壳,很贴心!"此句中"很贴心"是观点词,但句中缺省了评价对象即方面词,经过推理,我们可以分析出评价的类目是"服务"。"内饰做工较为出色,高级感强。"句子中可抽取出"做工—出色""内饰—高级感强",方面词和观点词并非按顺序成对出现。对于评价大类Category,以 CarReview 数据集为例,汽车评论的评价类目可分为空间、外观、内饰、动力、操控、舒适性、配置、性价比等 8 类,可以对应标签 C0—C7;以抽取的京东手机评论数据集为例,手机评价的评价类目可分为整体、拍照/屏幕、系统性能、外观、服务 5 类,可以对应标签 C0—C4。

4.4.2　情感极性的标注

一些工作将情感极性标注在方面词上,如"Italian food"对应积极的评论,使用标注为"B—POS",在另一些句子中"food"一次可能对应消极的评论,应该标注为"B—NEG",这样容易出现同一个词"food"对应标记情感标签相反的情况。因此,本书将情感极性标注在观点词上,观点词对情感极性的影响更显著。AOCP 标注方法第一位使用 A 标示方面词 aspect,使用 O 标示观点词 opinion。对观点词的标注,第二位用{POS,NEG}标记其情感极性,POS 是正评,NEG 是负评。非方面、观点词使用字母 X 标记。

4.4.3　方面词和观点词的匹配

为了进行多任务联合训练,得到方面词—观点词—类目—情感极性,AOCP还需要进行方面词和观点词的匹配。使用 AOCP 标注体系,方面级情感分析7 个子任务都可以统计得到,如表 4-2 所示,对手机评论"黑色外观比较耐看,手感也不错。"使用 AOCP 标注体系,可以进行细粒度情感分析的 7 个子任务的分析,得到不同形式的结果。

表 4-2　AOCP 标记示例

句子	黑色外观比较耐看,手感也不错。
AOCP 标记	X X A—R A—R X X O—POS O—POS X A—R A—R O—POS O—POS X
ATE	A:外观、手感
OTE	O:耐看、不错

表 4-2(续)

句子	黑色外观比较耐看,手感也不错。
AOE	A:外观、手感;O:耐看、不错
Pair	(A—O):(外观—耐看),(手感—不错)
ASC	给定 A,输出 A—P:外观—POS
ASTE(Triple)	(A—O—P):(外观—耐看—POS),(手感—不错—POS)
ALSC	A—P:外观—POS,手感—POS
AOCP	(A—O—C—P):(外观—耐看—外观—POS),(手感—不错—整体—POS)

观点词及其对应的方面词一般距离较近,因此可以用距离来匹配方面词—观点词对。如图 4-1 所示,通过中文句子进行句法依存分析,方面词和观点词之间存在 SBV、ATT、VOB 三种关系,主谓关系 SBV 出现频率最高,这种句法结构中,观点词在方面词之后,如"颜值很高""充电快";定中关系 ATT 中,观点词在方面词之前,如"精细的做工""闪耀的外观";VOB 表示动宾关系,如"最满意外观",观点词在方面词之前。因此可以在方面词 A 上标记 L 表示 LEFT,观点词在方面词左边(左子树);R 表示 Right,观点词在方面词右面(右子树)。图中句子中的四元组为"速度—很快—C2—POS,—不卡顿—C2—POS,米家的产品—喜欢—C0—POS",标记为:速度 A—R ,很快 O—POS,不卡顿 O—POS,喜欢 O—POS ,米家的产品 A—L。

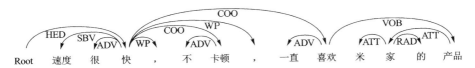

图 4-1 哈尔滨工业大学 LTP 依存句法分析结果示例

通过 AOCP 序列标记,本章将管道模型中需要分阶段进行的细粒度情感分析任务,转化为端到端 end-to-end 模型,提高了细粒度情感分析的效率,同时因为多任务联合训练,实现了知识、参数共享,降低了由于分阶段进行情感分析造成的误差传递。

4.5 基于 BERT＋CRF 的序列标注模型

细粒度情感分析是当前的研究热点,在线评论中,评价对象可以是商品的特征或属性,如汽车的品牌、部件或者功能。

多任务联合学习,是把多个相关任务放在一起同时学习。复杂系统会通过分解为多个简单且相互独立的子问题来简化问题处理方式,但实践中很多现实问题不能简单粗暴地划分为若干个独立的子任务,即使可以分解,由于各个子任务之间是相互关联的,存在一些潜在的共享表示。把现实的复杂问题分割为独立的子任务处理,忽略了问题之间丰富的关联信息。多任务学习通过将多个相互关联的任务放在一起学习,如细粒度情感分析多个子任务,学习的过程通过模型参数的共享,约束条件共享,避免单个任务的过拟合,相互补充学习到的领域相关信息,起到互相促进,提升泛化的效果。

细粒度情感分析的传统方法一种是基于词频的方法,通过 TFIDF 计算出高频词,利用规则过滤出与情感词同时出现的名词或者名词短语;或者计算表示商品或商品属性的名词的 PMI 值,识别当前词是否是评价对象。另一种是利用依存句法关系,选取评论中的主谓关系 SBV、定中关系 ATT 等来抽取特征—情感词对,并通过 ADV 关系,找出句子中修饰情感词的否定词、程度副词。

本书提出的基于 AOCP 标注体系的端到端细粒度情感分析模型如图 4-2 所示,主要步骤如下:

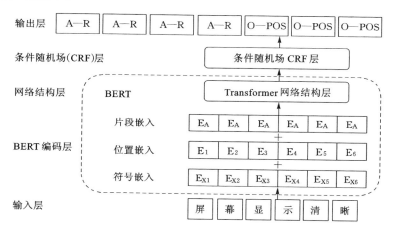

图 4-2 端到端的 AOCP 序列化标注细粒度情感分析模型

（1）输入层

输入层经过去重、删除"好评"等过短的句子等预处理,输入预处理后的句子和对应的 AOCP 序列标注标签。

（2）BERT Embedding 层

作为机器学习算法模型以及神经网络模型的输入,我们首先要将自然语言中的句子或词进行文本向量表示,方便对文本中的词汇进行各种加权求和、求平均、欧氏距离等计算，文本向量表示的方法从 one-hot、word2vec、Elmo、Glove，到 BERT 以及 RoBERTa、GPT，每一个新技术方法都是对前一方法的补充与提升，自然语言处理也随之不断提高精准度。早期 one-hot 属于 bag-of-words 模型，通过统计不同单词的频次来形成文本的向量表示，这丢失了文本的词序信息以及词语之间的联系，在深度学习中，研究者通过词共现来学习向量，语义相近或者联系紧密的词在向量空间中距离更小。使用 word2vec 训练文本向量，同一词语的向量是一样的，忽略了上下文语境，这在多义词处理上有缺陷。ELMO 是考虑上下文的，它将每一层训练得到的向量，进行拼接得到词语的向量表示，不同任务不同层训练得到的权重是不一样的。BERT、GPT 等预训练模型通过大规模语料及较长时间的自监督学习训练，尽可能地表征了文本的潜在语义，给单词或词语赋予上下文敏感信息，多层的语义向量表示，因此在下游任务中取得了较好的效果。BERT Embedding 包含汉字的符号嵌入（token embedding）、片段嵌入（segment embedding）和位置嵌入（position embedding）的叠加，达到特征融合的目的。

（3）BERT 编码层

Transformer 模型没有使用 CNN 和 RNN 结构，仅使用自注意力机制来处理数据。BERT 的出现是一个重要的进展，研究者在处理语言模型时可以直接调用 BERT 预训练模型作为组件使用，从而节省了大量的时间、精力和算力资源。BERT 是一个训练好的 Transformer Encoder 堆栈，Transformer 没有采用循环神经网络 RNN 的时间序列编码，因此需要用 Positional Enconding 来记录每个词的位置。BERT base 有 12 层编码器，模型参数 110M，而 BERT large 有 24 层，模型参数达到 340M。多头注意力机制是 BERT 模型的核心，所谓多头指的是模型中有多个 Q、K、V 矩阵，用于计算句子中的各个词语对当前词的 Attention 值。

（4）条件随机场（CRF）层

条件随机场（conditional random fields，CRF）是在给定一组输入序列的条件下，另一组输出序列的条件概论分布模型[140]。CRF 适用于当输出序列的某个位置的状态，需要考虑其相邻位置的状态这种情况。我们可以将细粒度情感分析的方面词和观点词的识别转换为序列化标注的问题，句子中方面词和观点词的识别和抽取与词性、句子角色有关，而句子角色离不开上下文的句法分析，因此 CRF 非常适合用于细粒度的情感分析。CRF 模型在数据切分、序列标注和命名实体识别等自然语言处理任务中表现良好，工业界经常使用 BiLSTM＋CRF 来进行自然语言处理。

CRF 能够有效地利用概率图模型来描述自然语言中句子的语法结构，能够充分利用句中的各种语法关系提高实体识别的执行效率。跨平台领域的随机场模型通过随机场模型算法训练源域中的数据来预测目标域中的数据集合,对目标域中的数据进行分类。CRF 序列标注模型能较好地捕捉上下文信息,输入评论文本 $\{w_1, w_2, w_3, \cdots, w_n\}$,计算出所有可能标签的条件概率 $\{l_1, l_2, l_3, \cdots, l_n\}$,并将最大概率作为序列的输出状态。概率的计算公式如下:

$$P(l \mid w) = \frac{1}{Z(w)} \prod_{t=1}^{T} \exp \left\{ \sum_{k=1}^{K} \theta_k f_k(l_t, l_{t-1}, w_t) \right\} \tag{4-1}$$

其中,$Z(w)$ 是归一化因子,计算公式如下:

$$Z(w) = \prod_{t=1}^{T} \exp \left\{ \sum_{k=1}^{K} \theta_k f_k(l_t, l_{t-1}, w_t) \right\} \tag{4-2}$$

通过前向神经网络计算给定标签的条件对数似然,并通过 Viterbi 算法找到最可能的标签序列。

（5）输出层

输出层经过模型训练,输出测试集句子对应的标签序列,并使用"A—"标签、"O—"标签分别统计方面词、观点词的起始位置、终止位置,计算准确率、召回率和 F_1 值。

4.6　实验与结果分析

4.6.1　中文细粒度情感分析语料库的构建

大量研究者对英文进行了情感分析的研究,英文情感分析起步较早,加上先入为主的优势使得英语情感分析工作较为深入。相比之下,中文情感分析的研究较少,中文情感分析语料库尚不够全面[141]。在细粒度情感分析中,大部分研究者使用的是 SemEval2014、2015、2016 数据集和 Twitter 数据集。SemEval 数据集内容如第 2 章图 2-6 所示。中文细粒度情感分析的数据集不多,ChnSentiCorp 数据集只标注了句子的极性,没有标注方面词、观点词;AI challenge 细粒度情感分析数据集标注了方面类目及其对应的情感极性,没有标注方面词、观点词,无法进行序列化标注。为了验证 AOCP 标注在中文评论细粒度情感分析的效果,本书构建了中文细粒度情感分析语料库,如表 4-3 所示。

表 4-3　方面类别检测 ACD 任务——以手机评论为例

整体 C_0	整体,质量,做工,品牌,正品,功能,使用效果,配件,手感,分量,异味/气味,重量,实用性,安全性,描述相符,舒适度,耐用性,性价比
拍照/屏幕 C_1	拍照效果,屏幕,亮度,像素,分辨率,显示效果,清晰度

表 4-3(续)

系统性能 C_2	系统性能,电池/续航,充电,内存,声音,信号,通话效果,运行速度,APP 安装,指纹解锁,散热
外观 C_3	外观,颜色,厚薄度,外观设计,尺码,材质,按键
服务 C_4	卖家服务,物流,包装,赠品

首先通过爬虫获取京东商城中手机商品的用户评论数据,其中包含评论内容、评论星级等。通过对数据中一些评价文本内容与商品无关的或者情感倾向不明确的干扰数据进行剔除,抽取出评论句子中方面词、观点词,对方面类目、情感极性进行人工标注,并构成四元组,数据内容如表 4-4 所示。经过标注后,共得到 3 066 条实验数据,将其分为训练集 train、验证集 dev、测试集 test 三个数据文件。

表 4-4　手机数据示例

Comment	Tag
屏幕显示清晰明亮,声音也不错,运行速度很快,性价比高!	显示—明亮—C_1—POS,显示—清晰—C_1—POS,声音—不错—C_2—POS,运行速度—很快—C_2—POS,性价比—高—C_0—POS
小米手机性价比最高,手机轻便小巧,颜值很高,运行流畅,反应速度快。	性价比—最高—C_0—POS,手机—轻便—C_3—POS,手机—小巧—C_3—POS,颜值—很高—C_3—POS,运行—流畅—C_2—POS,反应速度—快—C_2—POS
刚从安卓阵营转过来的发烧友,原来是华为的花粉,无奈芯片短缺,手机价格上涨。	芯片—短缺—C_0—NEG,价格—上涨—C_0—NEG

4.6.2　实验基线

X. Li 在情感分析任务中使用了 BIESO 的标注体系[142]。其中 B 表示一个方面词或观点词的开始,I 表示一个短语的中间部分,E 表示一个短语的结束,S 表示单字的方面词或观点词,O 表示既不是方面词,也不是观点词。具体分析数据集中一条手机评论,"屏幕显示清晰明亮,声音也不错,运行速度很快,性价比高!"BIESO 的标注方式如表 4-5 所示,句子中"屏幕显示"是一个方面词,其中"屏"字是词语的开始,标注"B","示"字是词语的结束,标注"E","幕"和"显"是词语中间部分,标注"I",句子对该方面的情感极性为积极的,标注为"POS",因此生成组合标签"屏＝B—POS,幕＝I—POS,显＝I—POS,示＝E—POS"。

表 4-5　BIESO 标注示例

句子	屏幕显示清晰明亮,声音也不错,运行速度很快,性价比高!
Joint	B I I E O O O O O B E O O O O B I I E O O O B I E O O POS POS POS POS O O O O O POS POS O O O O POS POS POS POS O O O POS POS POS O O
BIESO[141]	B—POS I—POS I—POS E—POS O O O O O B—POS E—POS O O O O B—POS I—POS I—POS E—POS O O O B—POS I—POS E—POS O O

　　有很多研究者在细粒度情感分析中使用 BIESO 标准体系,解决了方面词可能由多个单词组成的问题,同时进行了目标方面的情感极性判断,不足之处是BIESO[141] 只抽取了方面词,没有标注观点词,无法实现方面词—观点词的成对匹配 Pair 任务、三元组的提取 ASTE 任务,尤其值得注意的是中文数据集中存在大量方面词缺省的现象,对于这种隐式的情感表达,BIEOS 标注体系就无法有效实现细粒度情感分析。

4.6.3　使用 AOCP 进行序列标注

　　使用 AOCP 标注体系对数据中的方面词及其大类、观点词及其情感倾向进行标注。方面词标注为 A,观点词中情感倾向为正评的标注为O—POS,负评的观点词标注为 O—NEG。方面词与其距离最近的观点词构成方面词—情感词对,在方面词上用左(L)右(R)标注位置,如图 4-3所示。对爬取的手机数据进行人工标注后,得到1 214 个方面词(A)和 1 311 个观点词(O)。评价文本中存在一个方面词对应多个观点词的情况,也存在很多只有观点词、方面词缺失的情况。

4.6.4　实验参数及评价指标

　　本章所有实验是基于深度学习框架PyTorch 实现的,预训练模型 BERT 取自Transformers 中提供的 BERT—base—chinese。

屏　A—R
幕　A—R
确　X
实　很
很　O—POS
赞　O—POS
,　X
音　A—R
质　A—R
很　O—POS
好　O—POS
,　X
运　A—R
行　A—R
流　O—POS
畅　O—POS
丝　O—POS
般　O—POS
顺　O—POS
滑　O—POS
。　X

图 4-3　AOCP 标注数据示例

在 PyTorch 中实验该神经网络模型,设置学习率为 3e—5,CRF 学习率为 1e—3。迭代次数 Epoch 设置为 4,Batch_size 设置为 8,markup＝{BIESO,AOCP}。当 markup 参数设置为 AOCP,则使用 AOCP 作为数据标记进行实验,当

markup 参数设置为 BIESO,则使用 BIESO 进行数据标记,对应的评价矩阵也会相应改变。实验参数设置如表 4-6 所示。

表 4-6　实验参数设置

批次大小 Batch_size	8
最大句子长度 Max_seq_length	128
学习率 Learning_rate	3e−5
CRF 学习率 crf_learning rate	1e−3
迭代次数 Epotch	4

实验采用准确率(P)、召回率(R)、F_1 值对模型进行评价,计算公式如下:

$$P = \frac{TP}{TP+FP} \tag{4-3}$$

$$R = \frac{TP}{TP+FN} \tag{4-4}$$

$$F_1 = \frac{2 \times P \times R}{P+R} \tag{4-5}$$

式中,TP 表示方面词 A、观点词 O 识别正确的数量;FP 代表方面词 A、观点词 O 识别错误的数量;FN 表示未识别出的数量。

用分类精度 Acc 评价方面级情感分类和方面词—观点词对匹配的精度。

$$Acc = \frac{TP+TN}{TP+TN+FP+FN} \tag{4-6}$$

式中,TP、TN 分别表示正评和负评识别正确的数量或者方面词—观点词对匹配正确的数量;FP、FN 分别代表正评和负评识别错误的数量或者方面词—观点词对匹配错误的数量。

4.6.5　实验结果及分析

为了方便比较两种标注体系,使用 BERT+CRF 模型在手机数据集上进行了实验,实验结果如表 4-7 所示,AOCP 标注体系在手机评论数据集上细粒度情感分析 ATE、OTE、ALSC、Pair 子任务的 Acc 达到 0.9538,图 4-4 显示了不同的训练轮次 AOCP 标注体系和 BIESO 标注体系的实验精度,可以看到在经过 4 轮的训练,AOCP 标注体系在方面级情感分析的精度 Acc 不断提升,在第 4 轮就已经超过 BIESO 标注体系的实验精度,值得注意的是 BIESO 标注体系由于没有抽取观点词,因此只完成了细粒度情感分析的 ATE、ALSC 子任务,综合精准度达到 0.9449。

表 4-7　不同子任务的实验结果

不同子任务	P/Acc	R	F_1
BIESO—ATE	0.911 8	0.827 7	0.864 6
BIESO—ALSC	POS:0.941 1 NEG:0.882 4	POS:0.952 2 NEG:0.703 1	POS:0.946 6 NEG:0.782 6
AOCP—ATE	0.952 2	0.951 4	0.951 8
AOCP—OTE	0.957 2	0.952 0	0.954 6
AOCP—ALSC	POS:0.961 3 NEG:0.861 1	POS:0.958 1 NEG:0.826 7	POS:0.959 7 NEG:0.843 5
AOCP—ASTE	0.953 8	0.950 7	0.952 3

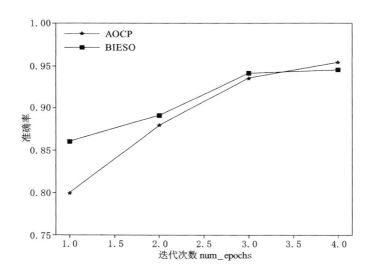

图 4-4　不同训练次数的实验结果

　　与管道模型相比,使用 AOCP 标注可以实现端到端的方面级情感分析,而不需要分阶段分别进行观点词、方面词的标注,然后进行观点词和方面词的匹配,在此基础上最后进行方面级情感极性的分类。管道方式容易产生级联错误,且处于下游的任务无法将信息反馈至上游任务,辅助训练上游任务的识别,前一阶段的误差累加,会造成最终方面级情感极性分类精度的下降,端到端模型避免了误差传递的问题,同时极大地简化了模型训练,提高了效率。

　　在 ATE、ALSC 任务上使用相同的深度学习模型 BERT＋CRF 进行实验,

AOCP 的实验结果比 BIESO 有所提升,分析原因是观点词的抽取和观点词情感分类、方面词—情感词的匹配等多任务的联合训练,有助于提升模型整体性能。

　BIESO 标注体系没有抽取观点词,因此也无法进行方面词和观点词的匹配,没有对观点词进行情感分类。AOCP 标注体系同时给出了方面词和哪个观点词匹配,观点词的情感极性,可以进行 ATE、OTE、AOE、Pair、ASTE、ASC 等多个任务的联合学习。

　对手机评论数据集的用户评论进行词频统计,发现排名前 10 的评论词是:屏幕音效、拍照效果、外形外观、运行速度、待机时间、值得购买、物流很快、性价比很高、很喜欢、其他特色。这些消费者评论"热词"与"京东商城"电商平台设置的标签大致重合。

　从抽取出的<方面词—情感词—情感极性>三元组发现,在外观设计方面的好评率占 97.45%,在运行速度方面的好评率占 98%,在拍照效果方面的好评率占 92.19%,在电池续航方面的好评率占 89.04%。总体评论中,对外观设计的评论数高于运行速度,显示出用户的关注热点有所差异。通过对在线评论文本的细粒度情感分析,只要样本空间足够大,就可以从整体了解购买者对产品具体属性、方面的满意度,购买者对产品的关注点,为管理决策的制定提供科学依据。

　情感三元组中,方面词多为名词或名词性短语,而观点词的词性较可能是形容词或"副词+形容词",如图 4-5 中的流畅、很好、很清晰,或者动词、"副词+动词",如非常满意、很喜欢、值得购买。因此可以尝试将词性、句法依存关系等语言知识纳入情感分析模型中,进一步提高细粒度情感分析的效果。

图 4-5　手机评论数据词云图

4.7 本章小结

本章以京东电商平台(www.jd.com)的中文商品评论作为研究对象,提出了基于 AOCP 标注体系的端到端深度学习模型,对比传统管道模型方法,模型可以同时捕获方面词 a、观点词 o 以及两者的匹配对应关系,方面级的情感极性 p,消除了管道模型中方面词与观点词的匹配过程,避免了误差传递;对比管道模型的多目标函数方法,端到端模型整体结构更加简单,可以有效利用方面词、观点词、情感极性三元组之间的信息。基于 AOCP 标注体系的端到端方面级情感分析模型对多个细粒度情感分析任务进行联合学习,对句子进行序列化标注,训练过程多任务目标方程一致,知识共享,参数共享,有效提高了细粒度情感分析模型的效果和效率,避免了单个任务的过拟合,体现了系统论的思想,追求系统整体最优,而非局部最优。

5 基于 OSD-GAT 的在线评论方面级情感分析

5.1 引言

随着互联网发展日趋成熟,社交媒体、电商平台的用户和用户贡献内容持续增长,大数据时代要求人们更加细致而准确地对这些评论文本进行情感分析,从而帮助政府、企业和组织更好地了解服务对象,深入研究民众的观点、诉求。方面级情感分析(aspect-based sentiment analysis,ABSA)是自然语言处理领域的一项基本任务。在线评论文本中,存在针对不同方面的评价,并且不同方面的情感极性可能不同。以"Great food but the service was dreadful!"为例,句子中对两个方面"food"和"service"的评价观点不同,"great"表达了积极的情感,dreadful 表达了消极的情感。相比句子的情感极性,企业和消费者对属性方面的情感态度更感兴趣。

方面作为评价对象,它和观点词共同影响着情感极性,本书在第 3 章提出的 SAKG-BERT 模型中,通过嵌入情感知识三元组,提高了情感分析模型的效果,并且明确了情感分类的依据,提高了深度学习模型的语义表达能力[142]。在实验中可以发现,同一模型在不同的数据集,准确率会有不同,在复杂文本上,所有模型的效果都略低于简单文本。这里的复杂文本,既表现在领域的复杂,也表现在评论文本句子的复杂程度。相对于 Car-review 数据,chnSentiCorp 数据集中包括了酒店、书籍、笔记本电脑三种风格迥异的领域,评论文本的长度大于汽车评论数据,同一模型在这两个数据集上表现也不同。在第 4 章提出的基于 AOCP 标注体系的端到端方面级情感分析中,实验结果发现,ASTE 任务抽取的<方面词—观点词—情感极性>三元组中,方面词多为名词或动词,而观点词多为形容词或者程度副词与形容词的组合,考虑评论文本中的语言学特征如词性、句法依存关系是否会对方面级情感分析的研究有帮助。

传统的情感分析方法中句子表示以词袋模型为主,忽略了句子中的语法和单词的上下文关系。深度学习技术的 LSTM 和 GRU 模型使用门控机制和记忆网络,能够捕捉词语的上下文关系,在自然语言处理的多种任务表现出优越性。Transformer 模型采用的多头注意力机制可以从不同空间中获取句子更多层面的信息,提高模型的特征表达能力。我们对评论文本进行分析,可以得到词性、位置、句法依存关系等大量的语言学知识,句法依存关系描述了观点和评价对象之间的语言关系,单纯引入情感知识三元组不能准确地捕获这种复杂的上下文关系。

5.2 相关研究

　　近年来,图神经网络在图像、视频等欧式空间数据的建模方面取得了很大成功的同时,在社交网络、知识图谱、引文网络等非欧空间数据的挖掘方面也引起了广泛关注。一些研究者通过图神经网络刻画复杂结构关系,考虑到文本中包含大量依存句法关系,情感知识图谱、产品本体知识库可以用图神经网络来描述,有很多学者将图神经网络应用于方面级情感分析,如 GNN[144]、GAT[145]。图神经网络 GNN 主要用于处理图域中表示的数据,包括图卷积网络(graph convolution networks)、图注意力网络(graph attention networks)、图自编码器(graph auto-encoder)、图生成网络(graph generative networks)和图时空网络(graph spatial-temporal networks)。方面级情感分析模型将句子当作序列,通过不同的深度学习模型将方面词嵌入句子表示中。如张瑾等[146]在 HOWNET 情感词典的基础上,加入用户评论评价情感词,嵌入了词性、情感极性、否定词等信息,构建了 BiGRU-Attention 模型进行方面级情感分析。

　　图神经网络在推荐[147]、药物研发[148]、股市波动预测[149]等领域都有很好的应用前景。图神经网络在处理社交网络、挖掘实体关系上能够更有效捕捉信息,一些学者做了有益的尝试,L. Yao 基于单词共现和文档单词关系构建图神经网络进行文本分类。K. Sun 等利用 BILSTM 捕获上下文信息,并利用句法树 CDT 获取方面词、观点词的依赖关系,使用 GCN 来增强嵌入信息,在 Rest14 数据集上准确率达到 82.3%[150]。B. Huang 提出了 TC-GAT 模型,利用句法依赖图捕获方面词的相关联的上下文情感特征。巫浩盛等结合词语的语法距离和句法依赖树邻接矩阵,提出了基于距离和图卷积神经网络的方面级情感分析模型 DGCN,在 Rest14 数据集上准确率达到 81.24%[151]。杨春霞等认为 GCN 和依存树结合可以很好地融合语义与句法信息,一个句子中的词语都处于同一语境中,因此任意两个词之间都存在联系,提出了一种 DBG−GBGCN 模型,使用了全局双向图神经网络进行方面级情感分类的研究,在 Rest14 数据集上准确率达到 81.15%[152]。Y. Xiao 提出了 ASEGCN 模型,在 Rest14 数据集上准确率达到 84.43%[153]。L. Z. Huang 结合语法信息和 BERT 预训练模型用于情感分析,准确率达到了 85.08%[154]。王光等通过记忆网络存储文本表示与辅助信息,提出了 MEMGCN-BERT 模型,在 Rest14 数据集上准确率达到 85.18%[155]。

注意力机制被证明在多项序列任务中可以有效学习近邻的重要性权重,如自然语言理解和机器翻译。图注意力网络有多种方法,包括图注意力网络(graph attention network,GAT)、门控注意力网络(gate attention network,GAAN)及注意力游走(attention walks)。缺点是比较消耗算力。K. Wang 提出了一种面向方面的树结构,通过重构和修剪来构建基于目标方面的依赖树,如果存在多个方面,为每个方面构造一个独立的树,使用 GAT 对句法依赖关系进行编码,建立方面与意见词之间的联系,R-GAT+BERT 模型在 Rest14 数据集上准确率达到 86.60%[156]。

将文本转换成图结构,一种方法是按照词语在句子中的共现关系构建共现图,一种是按照句子中的依存句法关系构建句法图。依存句法分析的理论认为句子是由不同语义角色的句子成分构成的,核心动词支配其他成分。句子中不同成分的地位是不同的,核心成分支配处于从属地位的句子成分。文献[157]基于依存句法树研究了多跳关系在事件检测方面的应用;文献[158]通过依存句法分析句子的并列结构 COO 和动宾结构 VOB,提出了融合语义角色和依存句法的实体关系抽取算法。

句法分析是自然语言理解的基础,语义理解通常以句法分析的结果作为输入以便获得更好的指示信息。常见的句法分析有句法结构分析和依存句法分析。句法结构分析又叫短语结构分析(phrase structure),目的是识别出句子中的短语结构以及短语之间的层次句法关系。依存句法分析的作用是识别句子中词汇与词汇之间的相互依存关系。更复杂的句法分析还有深层文法句法分析、分析词汇功能文法、组合范畴文法等。

依存句法分析通常有一个根节点 ROOT,子树中的词语存在支配地位的核心词和从属地位的修饰词,"依存"指词语之间支配与被支配的关系,这种关系是不对等的,因此依存句法分析得到的句子关系图是一个有向图。词语之间的这种搭配关系是语义相关的。根节点通常是一个动词,用来支配其他成分。为了丰富依存结构表达的句法信息,会给依存关系图中的边加上不同的标记。既然是句子中词语的支配和被支配关系,因此在构建句法分析的有向图之前,首先需要对中文句子进行预处理、分词。如图 5-1 所示,定中关系,箭头从核心词名词"屏幕"指向修饰它的形容词"大"。

在依存语法中,语言学家 Robinson 对依存句法树提了 4 个约束性的公理[159]:

(1)单一父节点。句子中有且只有一个词语不依存于其他词语,这个词语作为虚拟根节点 ROOT。

(2)连通性。除 ROOT 虚根之外的所有单词必须依存于其他单词。

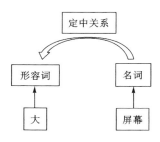

图 5-1　依存句法分析示例

（3）无环。每个词语只能依存于一个词语。

（4）投射性。如果词语 A 依存于 B，那么位置处于 A 和 B 之间的词语必然依存于 A、B 或者它们之间的词语，这些约束为语料库的标注以及依存句法分析器的设计奠定了基础。

依存句法分析的工具有很多，如斯坦福大学开发的 StanfordCoreNLP，复旦大学自然语言处理实验室开发的 FudanNLP，百度基于大规模标注数据和飞桨平台开发的 DDParser，HanLP 也提供中文依存句法分析功能。本书使用斯坦福大学开发的 StanfordCoreNLP 进行句法依存关系分析。

5.3　基于 OSD-GAT 情感分析模型

任务定义：图神经网络和句法依存树的结合，可以很好地融合语义与句法信息。构建句子关系图，给定一个句子 $S=\{w_1,w_2,\cdots,w_n\}$，其中 n 是句子长度，句子关系图被定义为 $G=(V,E)$，V 是图中节点集即句子中的单词或中文词语，E 为边的集合，一条边 r 应该连接两个节点 u 和 v，且 u、v 属于节点集 V。方面级情感分析的方面词抽取 ATE 和观点词抽取 OTE 在图上可以视为节点级任务，方面情感分类任务可以看作是图 G 中边分类任务。边 r 的情感极性同时受方面词和观点词的影响。

本书将句法依存关系融入图注意力网络，提出了以观点词为中心的句子依存关系子图 OSD，OSD-GAT 模型如图 5-2 所示，主要包括以下几个部分：构建句子关系图、构建以观点词为中心的关系子图、BERT 编码、图注意力网络，BERT 编码在前文已经进行了介绍，在此处不再重复描述。

5.3.1　构建句子关系图

本书首先使用斯坦福大学的依存句法分析工具对句子进行依存句法分析。

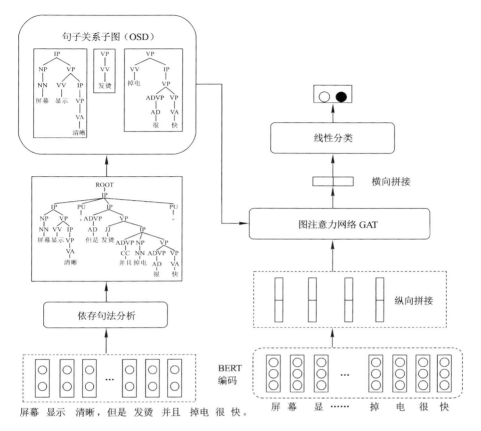

图 5-2　OSD-GAT 模型结构图

使用斯坦福依存句法分析工具处理中文,需要下载专门的中文模型 jar 文件。定义 modelpath 用来存放模型文件。中文处理方面的模型文件有:chineseFactored、chinesePCFG、xinhuaFactored、xinhuaFactoredSegmenting、xinhuaPCFG 等。其中 factored 包含词汇化信息,PCFG 是句法分析的模板,xinhua 是根据《新华日报》训练的语料。由于中文句子中表达语义的单位是词语,因此首先对句子进行分词"tokens",然后标注每一个词语的词性(tags),最后经过斯坦福句法依存分析器,得到句子的依存关系"predicted_dependencies"。如图 5-3 所示,"电池"的词性标注为"NN",依存关系标注为"dep","也"和"够用"的依存关系标注为"advmod"和"conj",一起共同修饰"电池"。

在图 5-4 中列出了斯坦福分析工具中的词性标注解释,如"用"的词性"VV"表示动词,"很"的词性"VA"表示形容词,"流畅"的词性"AD"表示形容词短语,电池的词性"NN"表示常用名词。

```
1  {"sentence":
   "用起来很流畅没有一点卡顿，电池也够用，充电真的很快，基本一个小
   时就差不多满了！",
2  "tokens": ["用", "起来", "很", "流畅", "没有", "一", "点",
   "卡顿", "，", "电池", "也", "够用", "，", "充电", "真的",
   "很", "快", "，", "基本", "一", "个", "小时", "就", "差不多",
   "满", "了", "！"],
3  "tags": ["VV", "VV", "AD", "VA", "AD", "CD", "M", "NR", "，",
   "NN", "AD", "VV", "，", "VV", "AD", "AD", "VA", "，", "JJ",
   "CD", "M", "NN", "AD", "AD", "VV", "SP", "！"],
4  "predicted_dependencies": ["ROOT", "dep", "advmod", "advmod",
   "nummod", "punct", "nsubj", "advmod", "conj", "punct", "dep",
   "advmod", "advmod", "conj", "punct", "amod", "nummod",
   "nsubj", "advmod", "advmod", "dep", "discourse", "punct"]}
```

图 5-3　句法依存分析示例

```
1   ROOT  :  要处理文本的语句
2   IP    :  简单从句
3   NP    :  名词短语
4   VP    :  动词短语
5   PU    :  断句符，通常是句号、问号、感叹号等标点符号
6   LCP   :  方位词短语
7   PP    :  介词短语
8   CP    :  由'的'构成的表示修饰性关系的短语
9   DNP   :  由'的'构成的表示所属关系的短语
10  ADVP  :  副词短语
11  ADJP  :  形容词短语
12  DP    :  限定词短语
13  QP    :  量词短语
14  NN    :  常用名词
15  NT    :  时间名词
16  PN    :  代词
17  VV    :  动词
18  VC    :  是
19  CC    :  表示连词
20  VE    :  有
21  VA    :  表语形容词
22  VRD   :  动补复合词
23  CD    :   表示基数词
24  DT    :  determiner 表示限定词
25  EX    :  existential there 存在句
26  FW    :  foreign word 外来词
27  IN    :  preposition or conjunction, subordinating 介词或从属连词
28  JJ    :  adjective or numeral, ordinal 形容词或序数词
29  JJR   :  adjective, comparative 形容词比较级
30  JJS   :  adjective, superlative 形容词最高级
31  LS    :  list item marker 列表标识
32  MD    :  modal auxiliary 情态助动词
33  PDT   :  pre-determiner 前位限定词
34  POS   :  genitive marker 所有格标记
35  PRP   :  pronoun, personal 人称代词
36  RB    :  adverb 副词
37  RBR   :  adverb, comparative 副词比较级
38  RBS   :  adverb, superlative 副词最高级
39  RP    :  particle 小品词
40  SYM   :  symbol 符号
41  TO    :  "to" as preposition or infinitive marker 作为介词或不定式标记
42  WDT   :  WH-determiner WH限定词
43  WP    :  WH-pronoun WH代词
44  WP$   :  WH-pronoun, possessive WH所有格代词
45  WRB   :  Wh-adverb WH副词
```

图 5-4　斯坦福工具词性标注"tags"解释

在图 5-5 中列出了斯坦福分析工具中的句法依存关系解释。如"dep"表示依赖关系,"conj"表示连接两个并列的词。

```
 1  abbrev      :  abbreviation modifier, 缩写
 2  acomp       :  adjectival complement, 形容词的补充
 3  advcl       :  adverbial clause modifier, 状语从句修饰词
 4  advmod      :  adverbial modifier状语
 5  agent       :  agent, 代理, 一般有by的时候会出现这个
 6  amod        :  adjectival modifier形容词
 7  appos       :  appositional modifier,同位词
 8  attr        :  attributive, 属性
 9  aux         :  auxiliary, 非主要动词和助词, 如BE,HAVE SHOULD/COULD等
10  auxpass     :  passive auxiliary 被动词
11  cc          :  coordination, 并列关系, 一般取第一个词
12  ccomp       :  clausal complement从句补充
13  complm      :  complementizer, 引导从句的词好重聚中的主要动词
14  conj        :  conjunct, 连接两个并列的词。
15  cop         :  copula, 系动词
16  csubj       :  clausal subject, 从主关系
17  csubjpass   :  clausal passive subject 主从被动关系
18  dep         :  dependent依赖关系
19  det         :  determiner决定词, 如冠词等
20  dobj        :  direct object直接宾语
21  expl        :  expletive, 主要是抓取there
22  infmod      :  infinitival modifier, 动词不定式
23  iobj        :  indirect object, 非直接宾语, 也就是所以的间接宾语;
24  mark        :  marker, 主要出现在有"that" or "whether""because", "when",
25  mwe         :  multi-word expression, 多个词的表示
26  neg         :  negation modifier否定词
27  nn          :  noun compound modifier名词组合形式
28  npadvmod    :  noun phrase as adverbial modifier名词作状语
29  nsubj       :  nominal subject, 名词主语
30  nsubjpass   :  passive nominal subject, 被动的名词主语
31  num         :  numeric modifier, 数值修饰
32  number      :  element of compound number, 组合数字
33  partmod     :  participial modifier动词形式的修饰
34  pcomp       :  prepositional complement, 介词补充
35  pobj        :  object of a preposition, 介词的宾语
36  poss        :  possession modifier, 所有形式, 所有格, 所属
37  possessive  :  possessive modifier, 这个表示有者和那个's的关系
38  preconj     :  preconjunct, 常常是出现在 "either", "both", "neither"的情况下
39  predet      :  predeterminer, 前缀决定, 常常是表示所有
40  prep        :  prepositional modifier
41  prepc       :  prepositional clausal modifier
42  prt         :  phrasal verb particle, 动词短语
43  purpcl      :  purpose clause modifier, 目的从句
44  quantmod    :  quantifier phrase modifier, 数量短语
45  rcmod       :  relative clause modifier相关关系
46  ref         :  referent, 指示物
47  rel         :  relative
48  root        :  root, 最重要的词, 根节点
49  tmod        :  temporal modifier
50  xcomp       :  open clausal complement
51  xsubj       :  controlling subject 掌控者
```

图 5-5　斯坦福句法依存关系解释

5.3.2　构建以观点词为中心的关系子图

构建句子关系图之后,对依赖树进行修剪,只保留与观点词相关的句子成分。张文轩等在构建基于注意力的方面级情感分析模型时,为了使图结构数据中的每个节点只与各自的邻居节点间产生信息交互,在自注意力机制中引入过滤机制,即只对图结构中节点间有通路的赋予注意力权重[160]。本书通过构建

子图的方式进行过滤。GAT 层沿着依存关系路径聚合相邻节点的表示。通过依存句法分析获得句子中词语之间的支配关系后,由于方面级情感分析的关注点在方面的情感极性预测,因此方面词及其对应的观点词就显得十分重要。构建以观点词为中心的句法依存关系子图(opinion-centered syntactic dependencies,OSD),把方面词作为根节点 ROOT,将与方面词有依存关系的词语作为这棵树的叶子节点。

在中文评论数据中,存在大量的方面词缺省现象,如果以方面词为根节点建立子图,会丢失大量的有用信息。如手机评论"十分推荐,真的很好用,对商品非常满意",句子中"十分推荐""真的很好用"作为观点词,表达了积极的情感,但是缺省了评价对象即方面词。如果以方面词为根节点建立子图,会直接丢弃这部分句子信息。在此分析的基础上,本书提出以观点词为中心建立子图 OSD。这样构建的子图可以帮助我们快速锁定句子中包含的"方面词—观点词"对,并由此预测方面的情感极性。通过依存关系树的建立,能够在方面词"用"和观点词"很流畅"之间建立联系,"很流畅"和方面词"电池"之间在图上没有直接联通的路径,从而避免了方面词和观点词匹配错误的问题,在一定程度上规避了上下文信息对方面级情感分析任务的干扰。

5.3.3 图注意力网络

复杂的图结构中可能有干扰信息,为了提高模型的效果,把注意力集中到方面词及其有依存关系的节点上。GAT 通过自注意力层在训练过程中得到节点和相邻节点之间的注意力关系,图上的每一个节点 i 都受其周围相邻节点 N_i 的影响,GAT 使用多头注意力机制聚合相邻节点表示,迭代更新每个节点表示。不同相邻节点 N_i 对节点 i 的影响是不同的,它的权重可以通过 GAT 训练得到。

$$\alpha_{ij} = \text{attention}(i, j) \tag{5-1}$$

引入注意力机制后,当前节点只与相邻节点有关,即存在依存关系的节点有关,无须得到整张 graph 的信息。这样模型的可移植性好,可以将模型应用于从未见过的图结构数据,不需要与训练集相同。

GAT 网络由堆叠简单的图注意力层来实现。经过注意力权重分配后,将获得的方面词以及句法依存信息融合,作为进行方面级情感分类的输入,再经过全连接层与线性变换将其映射到向量空间,并使用 softmax 函数进行情感极性的概率预测,计算公式如下:

$$P_\theta(y_i | x_i) = \text{softmax}(w \cdot \mu + b) \tag{5-2}$$

式中,w 代表权重矩阵;b 代表偏置。损失函数使用预测标签和真实标签的交叉熵,为避免模型在训练中出现过拟合,使用了 dropout 和正则化,计算公式如下:

$$loss = -\frac{1}{N}\sum_{i=1}^{N} y_i \lg P_\theta(y_i \mid x_i) + \lambda \mid\mid v \mid\mid^2 \qquad (5\text{-}3)$$

式中,λ 为正则化系数。

5.4　实验与结果分析

5.4.1　实验数据及数据处理

　　本章的实验数据仍通过在京东手机评论数据集上进行实验来验证模型的有效性。初始实验数据包括评论句子、句子中标注的方面词和观点词及其对应的情感极性。为了获得句子依存关系图,本书使用斯坦福的依存句法分析工具进行数据处理,共得到实验数据 3 133 条,分为训练集 train.json 和测试集 test.json 两部分。数据的预处理非常重要,实验效果的优劣的原因之一就是数据集中存在错误数据或数据缺失,因此我们需要对数据进行清洗、增强等。

　　该数据集的每条样本都是由真实评价、评价语句的词性标签 tags、依存句法关系标签 predicted_dependencies、观点词的起始位置等标签组成,如图 5-6 所示。该数据集经过斯坦福句法分析工具进行依存句法分析处理,得到句法依存关系,如图 5-7 所示。

```
1  {"sentence":"屏幕显示清晰明亮，声音也不错，运行速度很快，
   性价比高！",
2  "tokens": ["屏幕", "显示", "清晰", "明亮", "，", "声音",
   "也", "不错", "，", "运行", "速度", "很", "快", "，",
   "性价比", "高", "！"],
3  "tags": ["NN", "VV", "VA", "VA", "，", "NN", "AD", "VA",
   "，", "NN", "NN", "AD", "VA", "，", "NN", "VA", "！"],
4  "predicted_dependencies": ["ROOT", "nsubj", "ccomp",
   "punct", "nsubj", "advmod", "conj", "punct", "nsubj",
   "advmod", "conj", "punct", "nsubj", "conj", "punct"],
5  "predicted_heads": [0, 2, 2, 2, 8, 8, 2, 2, 13, 13, 2,
   2, 16, 2, 2],
6  "dependencies": [["ROOT", 0, 2], ["nsubj", 2, 1],
   ["ccomp", 2, 3], ["punct", 2, 5], ["nsubj", 8, 6],
   ["advmod", 8, 7], ["conj", 2, 8], ["punct", 2, 9],
   ["nsubj", 13, 11], ["advmod", 13, 12], ["conj", 2, 13],
   ["punct", 2, 14], ["nsubj", 16, 15], ["conj", 2, 16],
   ["punct", 2, 17]],
7  "opinion_sentiment": [["明亮", "positive"], ["清晰",
   "positive"], ["不错", "positive"], ["很快", "positive"],
   ["高", "positive"]],
8  "from_to": [[3, 4], [2, 3], [7, 8], [11, 13], [15, 16]]}
```

图 5-6　GAT 模型手机评论数据示例

```
(ROOT
  (IP
    (NP (NN 屏幕))
    (VP (VV 显示)
      (IP
        (IP
          (VP
            (VCD (VA 清晰) (VA 明亮))))
        (PU , )
        (IP
          (NP (NN 声音))
          (VP
            (ADVP (AD 也))
            (VP (VA 不错))))
        (PU , )
        (IP
          (NP (NN 运行) (NN 速度))
          (VP
            (ADVP (AD 很))
            (VP (VA 快))))
        (PU , )
        (IP
          (VP
            (ADVP (AD 性价比))
            (VP (VA 高))))))
    (PU ! )))
```

图 5-7　句子依存关系图

　　为了更加直观地描述句法依存关系,使用 NLTK 的可视化工具,调用 Tree()方法,绘制依存句法分析可视化图,如图 5-8 所示。然后构建以观点词为中心的句子关系子图。分别以"清晰明亮""不错""很快""高"为中心词语,构建句子关系子图,如图 5-9 所示,实现了观点词与其描述的方面之间的匹配,在句

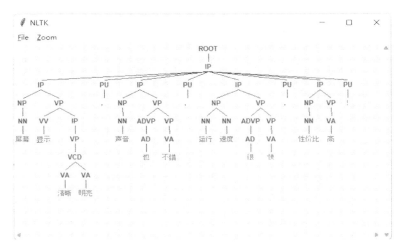

图 5-8　依存句法分析可视化

子关系子图上,观点词与其他方面词之间没有通路,避免了由于观点词、方面词之间错误匹配造成的误差传递。与传统的基于距离的观点词、方面词匹配方法不同,基于依存句法的匹配可以提供更好的依据。

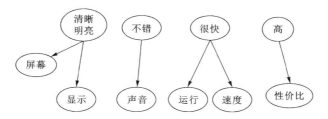

图 5-9 以观点词为中心的句子关系子图

5.4.2 实验参数设置

实验中采用的参数设置如表 5-1 所示。由于模型较大,对 GPU 内存要求较高,本书在进行实验时选择在英伟达 3090Ti 进行实验。迭代次数 Epochs 设置为 30,批处理 Batch_size 设置为 32,最大长度 Max_length 设置为 128,学习率 Learning_rate 设置为 3e−5,Droupout 设置为 0.3。

表 5-1 实验参数设置

参数	参数值
批量大小 Batch_size	32
训练轮次 Epochs	30
句子长度 Max_length	128
学习率 Learning_rate	3e−5
丢弃率 Dropout_rate	0.3

实验采用准确率和 F_1 值作为评价指标。

5.4.3 实验结果

在手机评论数据上得到准确率为 98.95%,F_1 值为 94.29%。实验通过依存句法分析生成句子关系图,能够有效反映句子中词与词之间的依存句法关系,缩短句子中方面词和观点词之间的距离,以便信息通过图结构进行传播,相匹配的方面词和观点词之间存在一条通路,而无关的方面词和观点词之间没有直接联通的路径,利用图结构实现了方面词和观点词的匹配,降低了句子中同时存在多个方面词和观点词对方面级情感分析任务的干扰。GCN 模型边权重固定的特点不能有效地提取特征,因此在图结构上,以观点词为核心构建句子关系子图 OSD,并在图结构上应用注意力机制以学习具有动态权重的图,从而在方面级情感分析任务上得到较大提升。

从表 5-2 可以看到,本章提出的 OSD-GAT 模型在手机评论数据集上的准确率明显高于 BERT＋CRF 模型,BERT＋CRF 模型在 F_1 值上略有优势。

表 5-2　不同模型在手机评论数据上的实验结果

模型	准确率	F_1 值
BERT＋OSD-GAT	0.9895	0.9429
BERT＋CRF	0.9538	0.9523

5.5　本章小结

目前处理方面级情感分析任务的主流方法严重依赖方面词和观点词识别以及方面词和观点词的正确匹配。本章通过依存句法分析,构建句子关系图,然后抽取观点词,构建子图,利用图注意力网络捕捉句子关系图中节点之间隐含的特征,进行句子关系图上边的分类任务,在中文评论数据上的实验表明,利用句子关系子图解决方面级情感分析任务是有效的,有效避免了方面词与观点词的错误匹配。与英文不同,中文是以词语作为语义表达的最小单元,本章以词语作为依存句法分析的最小单元,为了最大限度地捕捉评论者的情感表达,尤其是一些方面词缺省的隐性情感表达,本章以观点词为中心构建句子关系子图。

6　情感分析在电商问答系统中的应用

6.1　引言

在银行、医疗、汽车销售、电信、电商等面向消费者的行业中,人工客服中心都是重要的部门,企业对人工客服的需求及成本支出巨大。移动互联网时代,手机银行、掌上营业厅、电商平台的用户数量增长迅速,线上客服的需求急剧增加,用户的服务诉求难以得到满足,对企业运营造成压力。服务业急需智能客服系统来提高效率,降低企业劳务成本,提升客户满意度。

问答系统(question answering system,QA)是集深度学习、人工智能、自然语言处理等前沿技术于一体的研究热点,它使用准确、简洁的自然语言回答用户用自然语言提出的问题。传统检索系统一般使用关键词、定制专门的检索式,这要求一定的图情专业技能,对于一般用户不容易快速获取准确、全面的信息,且检索系统返回的信息是用户需求信息的相关文档列表,具体的知识内容需要用户到源文档中查看,关键词的机械匹配无法实现信息的精确查找。大数据时代,人们对信息需求的时效性、精确性、覆盖面都有更高的要求,如何从大体量、多样性、价值丰富的大数据中快速且精准地定位到用户所需信息是当前一个亟待解决的问题。

电子商务的蓬勃发展,因其产品种类多、打破了地域界限、方面快捷等特点,使越来越多的消费者从线下转到了在线购物。但是由于交易中不能直接接触产品,存在信息不对称、卖家信息夸大等原因,消费者难以做出购买决策。直接从海量的商品评论信息中寻找消费者特定的信息需求十分费时费力。因此,为了提高电子商务平台的交易量,为消费者提供个性化的产品咨询服务,许多电子商品平台提供了商品问答服务。但是,并不是所有的消费者提问都能得到及时、准确的回答,这些回答一般是其他购买者从自身购买商品体验的回答,不同消费者侧重点不同,因此说服力不是很充足;部分商品提问并没有消费者回答,或者答非所问,如"给家人/朋友买的,产品评价不清楚"。一方面是商品提问回答的稀缺,另一方面是海量的产品评论信息,因此,可以充分利用这些用户评论,通过对产品评论的细粒度分析,可以自动生成与用户提问相关的答案。

问答系统国内外都进行了大量的研究和实践,麻省理工学院开发了

START 系统,微软公司的 Coratna(小娜),实现基于问答系统的用户日常行为助理,如查询天气、备忘行程及闲聊。

问答系统一般由基于文档的问答、基于知识的问答和基于社区的问答三部分组成。

(1)基于文档的问答属于机器阅读理解,它从给定的文档中查找问答的答案。

(2)基于知识的问答(knowledge based question answering,KBQA)是指从结构化的知识库中搜索正确答案。

(3)基于社区的问答是指用户在社交网络平台提问,有其他用户提供回答,获得评价的激励,如知乎、百度知道等。

6.2　基于情感分析的问答系统

知识图谱作为一种结构化的语义网络,可以准确描述实体、属性及其关系。在知识图谱中,节点代表实体或属性值,边则表示属性或关系,一般表示形式为"头实体—关系—尾实体"或者"实体—属性—属性值",可以用＜Subject—Predicate—Object＞SPO 三元组表示。知识图谱通过实体识别、关联、融合,将文本信息转化为结构化的语义知识。如手机知识图谱中的三元组:＜华为mate40—颜色—{银色,黑色,白色}＞,＜华为 mate40—屏幕尺寸—6.5 英寸＞,＜华为 mate40—CPU 核心数—八核＞众多这样的三元组构成产品知识图谱,用户评论抽取＜Aspect—Opinion—Polarity＞AOP 三元组,如华为 mate40 的用户评论抽取 AOP 三元组＜操作—很容易—POS＞,＜鸿蒙系统—非常快—POS＞,＜物流—有些延误—NEG＞。如对苹果 13 的电商用户评论进行细粒度情感分析并汇总后得到＜清晰度—POS—74％＞,＜音质—POS—8％＞,＜运行速度—POS—96％＞,说明 96％的苹果 13 用户认为运行流畅,74％的用户认为清晰度好评,8％的用户关注/评价了音质。通过细粒度的情感分析和统计,很容易发现不同手机用户的偏爱或者关注点不同,这也符合实际中不同产品的定位或者受众是有区别的。

近年来,深度学习在 KBQA 研究中的广泛应用使问答系统有了很大发展,在知识图谱的基础上,KBQA 把研究重点放在问题的理解上,利用深度学习模型对用户提问进行特征提取、关系识别和相似度计算。研究 KBQA 的主流方法,一种是语义解析的方法,一种是基于信息检索的方法。语义解析的方法将自然语言问句映射成一种语义表示或者逻辑表达式,然后查询知识库得到问题的答案。基于信息检索的方法首先检索出一组候选答案,然后通过计算答案与问句的语义相似度,进行排序。首先对问题进行主题的识别,并将其连接到知识库中的实体,然后通过执行逻辑表达或在知识图谱中进行推理,在主题实体的邻近区域查找答案。

定义 6.1:给定实体集合 Entity 与关系集合 Relation,一个知识图谱 KG 可表示为一个三元组集合,即 $KG\subseteq E\times R\times E$。对于 KG 中任意三元组 t,可表示为一个有序对<head,relation,tail>,其中 head,tail $\in$ E 且 r$\in$R,通常称 head 为头实体,tail 为尾实体。

定义 6.2:将 KBQA 的任务定义为:已知知识图谱 $KG\subseteq E\times R\times E$,给定一个自然语言问题 Que 与该问题的中心实体 h,其中 h$\in$E,问答方法的作用是给出答案实体集合 $Ai\subseteq E$,对于 $\forall a\in Ai$ 是问题 Que 合理的答案实体。

根据电商问答本身所具有的特点,构建了一个反映产品功能属性和用户评论的知识图谱,提出一种基于用户评论细粒度情感分析的电商问答系统。首先根据爬取的产品评测、电商描述文档抽取出产品属性、属性值,实体、属性和关系构建产品领域知识图谱,然后根据用户评论的细粒度情感分析抽取三元组构建评论知识图谱。

6.3　系统架构

电商问答系统把产品测评数据和消费者评论作为系统数据来源,用户输入以自然语言描述的问题,通过对问题进行分类、实体或属性识别、语义消歧等步骤,并从知识图谱中找到与问题相关性最强的三元组,按照事先预定的模板做出回答。同时对于用户表达不准确的问题,给予相应的提示或应答。基于评论情感分析的问答系统处理流程如图 6-1 所示。

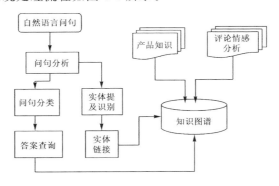

图 6-1　基于评论情感分析的问答系统

6.3.1 问题分类器

垂直领域知识图谱构建的问答系统中有较好的效果,原因在于垂直领域知识图谱中边的类型有限,通过文本分类可以将问题的意图对应到知识图谱的边,从而对问题进行回答。例如在医药知识图谱中,边的类型为药品的适用症、药品的用量等固定的几种,这种情况下通过意图识别模型可以了解到用户希望问的是药的用量还是药品的适用症。电商平台的问答也属于基于垂直领域知识图谱的问答。现阶段句子分类效果比较好的算法有 BERT、fastText、ERNIE 等。

将用户输入的自然语言问句进行分词、去噪、长难句压缩等预处理,对问句进行知识图谱元组嵌入,利用关键词将问题分为事实型、比较型和评价型问题等类型(表 6-1)。

表 6-1 问题的类型

问题类型	问题标识	问题示例
事实型问题	Que_FACT	华为 mate40 的屏幕尺寸多大? 荣耀 40 手机有哪些颜色?
是否型问题	Que_BOOL	苹果 13 是否支持联通 5G?
数学统计问题(最大值、最小值、总数、平均值等)	Que_MATH	待机时间最长的手机是哪一种?
比较型问题	Que_COMPARE	汉兰达和 GS4 相比哪个空间大? 华为 mate40 和苹果 13 哪个屏幕大?
评价型问题	Que_REVIEW	酒店周围环境怎么样?交通方便吗? 这款羊毛衫穿了起球吗?
其他问题	Que_OTHER	……

因为用户的提问往往很随意,没有固定模板、领域术语的约束,通过知识嵌入,解决用词不规范、用于随意造成的后续查询不准确、知识获取率低等问题。如用户问"汉兰达的大脚多大尺寸?"通过用户评论知识图谱中的知识可以获知"大脚"表示"轮胎",用户的实际问题是"汉兰达的轮胎尺寸是多大?"还有一些产品的别名,如"小灯泡"指的是"化妆品 SKⅡ精华液",这些需要对产品说明书、产品测评和用户评论文本抽取实体、方面词,构建产品知识图谱。类似"羊毛衫穿了起球吗?"这种问题,由于用户做出购买决策前无法直接接触商品,卖家和消费者处于极大的信息不对称情景中,用户只有通过询问其他购买者,或者通过查看用户评论,才可能得到真实的用户体验。不同类型的问题,后续信息查询及答

案句的生成方式会有很大差异。比如事实型和是否型,同样是询问屏幕尺寸,回答角度不同。

6.3.2 问答知识图谱的建立

基于对用户提问类型的分析,事实型问题、数学统计型问题多依赖产品知识图谱,评价型问题需要使用产品评价知识图谱中的知识三元组,不是一对一的划分,上述问题的解答对两个知识图谱的需求可能有交叉。如"汉兰达的大脚尺寸多大?",首先要从评价知识图谱中查询到"大脚"是"轮胎"的别称,再查询产品知识图谱找到<汉兰达轮胎—尺寸—245/55>。因此需要问答系统将多个来源的知识图谱融合。

电商产品知识图谱属于垂直领域知识图谱,描述了产品实体及其功能、属性直接的关系,如图 6-2 所示,属性、功能信息最直接的来源是产品说明书、电商产品描述、测评报告。产品实体包含了丰富的信息,如产品名称、产品型号、生产厂家、品牌等,另外还有大量产品的属性、功能,以手机为例,以荣耀 60 为例,型号是"荣耀 60 pro",生产厂家是"荣耀终端有限公司",品牌是"honor/荣耀",属性包括:手机类型、CPU 型号、CPU 核心数、操作系统、屏幕类型、屏幕尺寸、屏幕材质、屏幕刷新率、机身颜色、最大光圈、电池容量、充电功率、摄像头像素、机身厚度、耳机接口类型、上市时间等,功能包括解锁、待机时长、导航、视频通话等。

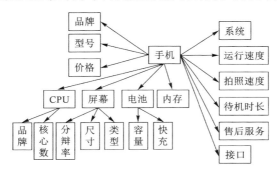

图 6-2 手机产品知识图谱

还要将评论知识图谱融入,为了方便后续处理,原有的<方面词—观点词—情感极性>三元组需要加上产品信息及评论 ID,方便进行统计查询时,统计 XX 属性的好评率,如有 37 个评论认为"华为 mate40—运行—流畅至极—POS",16 个评论认为"华为 mate40—充电—快速—POS"。部分用户会对产品的品牌进行评论,如"华为手机,国产大牌手机,值得信赖,支持",评论中没有出现具体的产品名称或产品型号,只是对品牌的评价。知识图谱的质量直接影响问答系统的性能,产品知识图谱和评价知识图谱的信息融合,构建问答知识图谱,需要确保信息不冲突、不重复。

在知识图谱的存储方式上,图结构没有了库表字段的概念,而是以事实为单位进行存储,所以关系型数据库在存储知识图谱上有着一定的弊端。通常知识图谱用(实体 1,关系,实体 2)、(实体、属性,属性值)这样的三元组来表达事实,可选择图数据库作为存储介质,例如开源 Neo4j、Twitter 的 FlockDB、sones 的 GraphDB。其中 Neo4j 是由 Java 实现的开源 NoSQL 图数据库,是图数据库中较为流行的高性能数据库。图 6-3 展示了 Neo4 数据库构建的手机知识图谱。

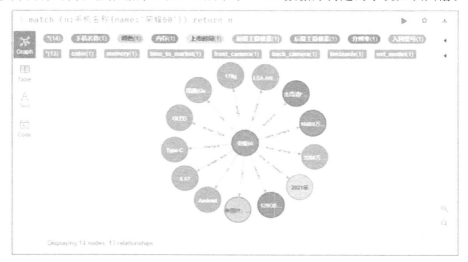

图 6-3　Neo4j 手机知识图谱示例

6.3.3　问句分析

提问句语义分析是用户意图识别的关键,提问句主题、实体、关系的抽取,是在知识图谱中进行信息查询的前提,提问句的语义转化与知识图谱中知识表达方式越接近,找到精确回答的概率越高,问答的效果越好。

首先要对用户输入的问句进行预处理,因为没有规定用户提问的模式,问答系统需对问句进行去噪,对语言表达不清晰的问句,提示用户重新输入,或进一步求证用户的问题。

隐式实体和关系:由于垂直领域问答系统主要围绕具体某个领域进行提问,会省略意图明确的实体或关系,默认为领域上下文中的信息。

实体、关系的识别是工作的重心,本书使用 BERT＋CRF 模型进行了用户评价语句的方面词、情感词识别,该序列化模型同样可以迁移到实体、关系的识别,可将用户提问视为句子成分缺省的评论语句,如"华为 mate40 的屏幕尺寸多大?"与虚拟的用户评论"华为 mate40 的屏幕尺寸够大"句法结构非常相近,依旧使用 BERT+CRF 模型识别句子的实体、方面属性。

6.3.4　实体链接

从问题中正确识别出实体或者方面属性词后,需要将实体或属性与知识图谱中的实体、属性进行链接操作,得到用户问题到知识图谱的映射。用户的提问用词一般比较随意,比如"手机拍照怎么样?"和"手机摄像头分辨率多少?",在用户评论知识图谱中关于"拍照""摄像头分辨率"的评论都存在,表达方式不同,但为了统计方便,将"拍照"这一功能属性与"摄像头"这一部件要建立链接关系,即<摄像头—功能—拍照>,以免造成矛盾和混淆。

用户用自然语言提交的问题经过问句分析后,系统可以判定问句的类型,理解用户的意图主旨,将问句中提取出的实体类别和具体的实体需在构建在知识图谱的图数据库中进行查询,找到与问题相符的知识元组,并根据问题的类型做进一步处理。

在基于知识图谱的问答系统中,在确定了知识图谱节点后,将节点与相应的边组成问题组后,即可以将问题转为 QA 系统中的检索问题。使用语义匹配做问句与问题组的匹配,在开放领域知识图谱中,这种基于语义匹配的问答检索方式是较为适用的方法。

本书中构建的情感知识图谱、电商评论知识图谱、融合之后的问答知识图谱都使用的是 Neo4j 开源图数据库,Neo4j 为用户提供了强大的高性能查询语言 Cypher 语句。因此只需将问句分析得到的实体和关系,转化为 Cypher 语句,以"华为 Mate40 Pro 的颜色有哪些?"为例,具体实现步骤:

对用户输入的问句进行预处理和实体识别,识别出商品实体为"华为 Mate40 Pro",属性为"颜色",根据用户需求,生成 Cypher 查询语句,并在问答知识图谱中执行,返回查询结果。

对于事实型问题、是否型问题采用常规的知识图谱问答的解决方案;对于比较型问题、数学统计性问题属于多跳问答,处理过程需要比常规的知识图谱问答多一步比较过程或者数学统计、数值计算过程;对于评价型问题是本书研究的重点。

评价型问题需要首先构建电商评论知识图谱。对于产品的整体评价,第 3 章提出的句子级情感分析方法即可针对数据集分析统计,得到消费者对产品的整体评价如好评率。关于电商产品的属性或者方面的评价型问题,需要用到第 4 章、

第5章提出的方面级情感分析方法,得到全部统计数据的情感分析"属性方面—观点—情感极性"三元组,在此基础上进行统计分析,从而获得产品具体属性的好评率,以及顾客不满意的方面。

6.3.5 答案生成

在知识图谱中获取"实体—属性—属性值"或者"实体—属性—观点""属性方面—观点—情感极性"等类型三元组,对于不同类型的问题,有针对性地生成答案。

(1)事实型问题。对于问题"华为 Mate40 Pro 的颜色有哪些?",可由三元组"实体—属性—属性值"直接产生答案,返回属性值,或者使用定中关系的句式,如"华为 Mate40 Pro 的颜色有亮黑色、秘银色、釉白色、夏日胡杨"。如图 6-4所示。

图 6-4　基于情感分析的电商问答系统示例

(2)数学统计型问题。同样是询问颜色,如果是数学统计型问题"荣耀 60 Pro 有几种颜色?"需在知识图谱查询属性值的基础上进行数据运算 COUNT。计算结果是 4,可以回答"荣耀 60 Pro 有 4 种颜色。"这是精准回答,当然为了改善用户体验,方便用户了解具体情况,可以将属性值一并返回。如图 6-5 所示,统计型问题"屏幕最大的手机是哪个?"需要在知识图谱查询"屏幕尺寸"属性后,进行 MAX 数学运算,得出结果。

(3)是否型问题。根据问题涉及实体属性还是对实体或属性的评价,找到相关联的三元组,将结果与问题进行一致性判断。如果三元组属性值或者评价与问题一致,生成答案"是的",反之返回"不是"。

(4)比较型问题。需要查询问句中提及的两个实体或实体属性,然后进行

图 6-5 数学统计型问题示例

比较作答。

（5）评论型问题。这类问题需要基于评价情感分析知识图谱，结合细粒度情感分析的成果，对评价对象的正评、负评进行汇总，并对评价观点词按相似度汇总，形成诸如"97％的评论对华为 Mate40 Pro 给了好评"，"37％的评论认为系统运行流畅至极"。如图 6-6 所示。

图 6-6 评论型问题示例

（6）其他型问题。在句法分析时已做处理，或者进一步证实用户提问意图。

6.4 本章小结

本章对于电商评价"信息爆炸"，电商问答用户提问得不到及时解答，消费者个性化信息需求无法满足的问题,提出基于评论情感分析的电商问答系统,将细粒度情感分析捕获的情感知识,构建知识图谱,构建智能电商问答系统。基于知识图谱的问答系统是近年来很多行业大力推进的服务,从问句分类、电商评论知识图谱构建的角度研究了快速建立电商问答系统的方法。

7 结 论

情感分析是当前的一个研究热点,社交媒体的情感分析为舆情监控和民意调查提供了有力支持,电商评论的情感分析为提高用户购买意愿、商家改善商品和服务提供了决策依据,社交媒体、电商评论的情感分析具有重要的研究价值和广阔的应用前景。用户评论文本信息表现出一些特点:不同领域的评论中存在大量领域专门用语,观点词的情感极性受评价领域影响,跨领域情感分析不能完全照搬;网络用语随意,评论中使用了大量网络用语;评论文本中存在大量方面词缺省的现象。本书从基于深度学习的情感分析中存在的若干问题出发,对深度学习模型的可解释性、情感知识图谱的构建、细粒度情感分析的多任务联合学习、基于情感分析的电商问答等问题,进行深入分析研究。本书的主要贡献如下:

(1)针对深度学习模型的情感语义表达不足,观点词情感极性随方面词改变的问题,通过 BERT 预训练模型和融入情感分析知识,实现语义理解和知识推理。通过细粒度情感分析,从数据集中抽取情感知识三元组<观点词—方面类目—情感极性>,构建情感知识图谱 SAKG。SAKG 来源于数据集,具有领域自适应性。实验结果表明,在深度学习模型中融入知识,并非取决于数量,知识如果不加选择,盲目添加知识容易造成知识噪音,影响模型效果。知识类型的选择取决于下游任务,对于情感分析任务,在预训练模型中融入情感知识 SAKG,要比其他大型知识库效果更好。SAKG-BERT 模型提高了深度学习模型的可解释性,解释了情感极性分类的依据,将网络用语作为情感分析知识加入 SAKG、情感三元组包含的方面类目,一定程度上解决了评论句子中用语随意、方面词缺失的问题。

(2)对于方面级情感分析的多个子任务,总结了细粒度情感分析的 7 个子任务,提出了 AOCP 标注体系,使用 BERT+CRF 模型实现细粒度情感分析的多任务联合学习。传统细粒度情感分析多采用 Pipeline 方案,首先抽取方面词和观点词,再进行情感分类,两阶段由于一个是抽取任务,一个是分类任务,目标函数不同,所以采用的模型方法不同,两阶段的模型方法、参数无法进行有效共享,且前一阶段的误差容易造成累计放大,最终影响情感分类的准确度。多任务联合学习通过 AOCP 标注体系,序列化标注实现细粒度情感分析的多个子任务。多任务使用同一模型,目标函数一致,模型训练参数共享,体现了系统论的思想,实现整体最优,而非局部最优。

（3）目前处理方面级情感分析任务的主流方法严重依赖方面词和观点词识别以及方面词和观点词的正确匹配。本书通过融合词性、依存句法关系和图注意力网络实现了方面级情感分析。通过依存句法分析,构建句子关系图,然后抽取观点词,构建句子关系子图,不同观点词和方面词对的词语之间没有直接到达的通路,避免了方面词、观点词匹配错误造成误差累积。然后利用图注意力网络捕捉句子关系图中节点之间隐含的特征,进行句子关系图上边的分类任务,在中文评论数据上的实验表明,利用句子关系子图解决方面级情感分析任务是有效的,有效避免了方面词与观点词的错误匹配。与英文不同,中文是以词语作为语义表达的最小单元,本书以词语作为依存句法分析的最小单元,为了最大限度地捕捉评论者的情感表达,尤其是一些方面词缺省的隐性情感表达,本书以观点词为中心构建句子关系子图。

（4）对于电商评价"信息爆炸",电商问答得不到及时解答,消费者个性化信息需求无法满足的问题,提出基于评论情感分析的电商问答系统,将细粒度情感分析捕获的情感知识,构建知识图谱,构建智能电商问答系统。

本书针对商品评价的情感分析,构建了情感知识图谱 SAKG,提出了知识融入的 SAKG-BERT 模型和基于 AOCP 标注体系的细粒度情感分析多任务联合学习模型,构建了基于商品评论情感分析的电商问答系统,做了一些尝试,但存在诸多不完善之处。

（1）文本情感分析的数据资源亟须建设。目前文本情感分析特别是细粒度的对象级文本情感分析数据集非常有限,这是限制当前研究进展的最迫切问题。当前公开标记数据集主要是英文数据集,中文数据集缺乏,而中英文在表达情感上具有较大的差异,中文情感分析数据集亟须建设。其次,当前标记数据集主要停留在情感类别标记和情绪标记等,对象级的细粒度标记较少,对象级的细粒度情感分析是文本情感分析任务发展的必然趋势,因此细粒度对象级文本情感分析标记数据亟须建设。

（2）知识融入过程强调了任务相关性,知识融入在于质量,不在数量,但知识的融入如何从数量上进行衡量,如融入知识三元组的数量占句子总数的 10%,这个衡量指标 10% 是否具有普适性值得进一步深入研究。

（3）电商评价细粒度情感分析目前的研究集中在情感三元组的获取,而广义的情感分析中情感五元组包括＜评价者,评价对象,评价词,情感极性,评价时间＞,细粒度情感分析没有关注跨平台的社交媒体的信息。对评价者、评价时间信息的获取、分析,可以进一步扩展情感分析的时序变化研究和个性化推荐研究。

参 考 文 献

［1］ 中国互联网络信息中心(CNNIC).中国互联网络发展状况统计报告(第 49 次)［R］.2022.

［2］ 曹右琦,孙茂松.中文信息处理前沿进展:中国中文信息学会二十五周年学术会议论文集［C］.北京:清华大学出版社,2006.

［3］ 哈尔滨工业大学社会计算与信息检索研究中心.八维社会时空［OL］. http://www.8wss.com/.

［4］ 马向阳,徐富明,吴修良,等.说服效应的理论模型、影响因素与应对策略［J］.心理科学进展,2012,20(5):735-744.

［5］ 池建宇,骆子珩.说服效应与知晓效应:网络口碑影响中国电影票房的实证研究［J］.中国新闻传播研究,2018(1):156-171.

［6］ CAETANO J A, LIMA H S, SANTOS M F, et al. Using sentiment analysis to define twitter political users' classes and their homophily during the 2016 American presidential election［J］. Journal of Internet Services and Applications,2018,9:18.

［7］ HAO WANG,DOGAN CAN,ABE KAZEMZADEH,et al. A System for real-time twitter sentiment analysis of 2012 U.S. presidential election cycle ［C］. ACL System Demonstrations,2012:115-120.

［8］ LIU Z, WANG T, PINKWART N, et al. An emotion oriented topic modeling approach to discover what students are concerned about in course forums ［C］//2018 IEEE 18th International Conference on Advanced Learning Technologies (ICALT). July 9-13,2018,Mumbai,India. IEEE, 2018:170-172.

［9］ 谭荧,张进,夏立新.社交媒体情境下的情感分析研究综述［J］.数据分析与知识发现,2020,4(1):1-11.

［10］ BING LIU.情感分析:挖掘观点、情感和情绪［M］.刘康,赵军译.北京:机械工业出版社,2017.

［11］ 卢新元,卢泉,黄梦梅,等.基于情感倾向的众包模式下接包方声誉评价模型构建［J］.统计与决策,2018,34(17):177-180.

［12］ 国显达,那日萨,崔少泽.基于 CNN-BiLSTM 的消费者网络评论情感分析

[J].系统工程理论与实践,2020,40(3):653-663.

[13] 余本功,张培行,许庆堂.基于 F-BiGRU 情感分析的产品选择方法[J].数据分析与知识发现,2018,2(9):22-30.

[14] 刘闯,金丽,李明烛.情感分析技术在农产品在线评论中的应用[J].农村经济与科技,2021,32(15):141-143.

[15] 邱亚鹏,梁留科,苏小燕,等.文旅融合背景下石窟寺景区的游客情感分析:以洛阳龙门石窟为例[J].河南大学学报(自然科学版),2022,52(1):34-42.

[16] 王少兵,吴升.基于景点在线评论文本的游客关注度和情感分析[J].贵州大学学报(自然科学版),2017,34(6):69-73.

[17] 卢新元,李珊珊,李杨莉,等.基于在线评论数据的众包服务商选择模型构建[J].科技管理研究,2019,39(11):211-218.

[18] 景永霞,苟和平,刘强,等.基于主题模型的在线课程评论情感分析研究[J].兰州文理学院学报(自然科学版),2020,34(1):54-56,61.

[19] 沈桐,向菲.基于用户评论情感分析的医院评分模型构建[J].中华医学图书情报杂志,2020,29(9):46-51.

[20] 段恒鑫,刘盾,叶晓庆.基于在线评论情感分析和模糊认知图的产品差异性研究[J].郑州大学学报(理学版),2022,54(1):32-40.

[21] 李佳儒,王玉珍,丁申宇.在线评论情感分析的影院推荐[J].宁德师范学院学报(自然科学版),2020,32(3):253-258.

[22] 王开心,徐秀娟,刘宇,等.在线评论的静态多模态情感分析[J].应用科学学报,2022,40(1):25-35.

[23] 何玲玲.基于框架语义的医疗在线评论情感分析[D].太原:山西大学,2020.

[24] 钱春琳,张兴芳,孙丽华.基于在线评论情感分析的改进协同过滤推荐模型[J].山东大学学报(工学版),2019,49(1):47-54.

[25] 王和勇,芮晓贤.融合情感分析的中小企业信用风险评估研究[J].中国管理信息化,2019,22(7):131-134.

[26] 姚柏延.在线评论的动因:用户特征与用户评论行为关系研究[D].成都:电子科技大学,2018.

[27] 吕心怡.基于评级和文本度量在线评论有用性研究[J].价值工程,2020,39(21):215-216.

[28] 李昂,赵志杰.基于信号传递理论的在线评论有用性影响因素研究[J].现代情报,2019,39(10):38-45.

[29] 游浚,张晓瑜,杨丰瑞.在线评论有用性的影响因素研究:基于商品类型的调节效应[J].软科学,2019,33(5):140-144.

[30] 苗蕊,徐健.评分不一致性对在线评论有用性的影响:归因理论的视角[J].中国管理科学,2018,26(5):178-186.

[31] 吴维芳.基于 Doc2Vec 的文本相似度对在线评论有用性的影响研究:来自Tripadvisor.com 的证据[D].武汉:武汉大学,2019.

[32] 王建文.基于信息采纳视角的在线评论有用性排序研究[J].现代计算机,2019(11):67-71.

[33] 王翠翠,高慧.含追加的在线评论有用性感知影响因素研究:基于眼动实验[J].现代情报,2018,38(12):70-77.

[34] LIU H,WU J N,YANG X,et al. The impact of online reviews on product sales:what's role of supplemental reviews[M]//Communications in Computer and Information Science. Singapore:Springer Singapore,2018:158-170.

[35] 石文华,蔡嘉龙,绳娜,等.探究学习与在线评论对消费者购买意愿的影响[J].管理科学,2020,33(3):112-123.

[36] 刁雅静,何有世,王念新,等.朋友圈社交行为对购买意愿的影响研究:认同与内化的中介作用及性别的调节作用[J].管理评论,2019,31(1):136-146.

[37] 张玉星.矛盾性在线评论对大学生购买意愿的影响研究[D].武汉:华中师范大学,2019.

[38] 刘冰莹.矛盾性复合评论对消费者购买意愿的影响研究[D].南昌:江西师范大学,2019.

[39] 周之昂.在线评论语言风格对消费者购买意愿的影响[D].广州:广东财经大学,2019.

[40] 霍红,张晨鑫.考虑信息熵的在线评论特征观点词对购买意愿的影响[J].商业经济研究,2018(23):67-72.

[41] 张继戈.视频在线评论对购买意愿的影响研究[D].保定:河北大学,2020.

[42] 李宝库,赵博,郭婷婷.负面在线评论内容和来源对消费者购买意愿的影响:产品类别的调节效应[J].科技与经济,2019,32(3):96-99,105.

[43] 吴正祥,郭婷婷.负面在线评论文本特征对消费者购买意愿的影响:基于自我构建视角的分析[J].科技促进发展,2019,15(6):582-587.

[44] 韩玺,韩文婷.基于扎根理论的用户生成在线医评信息的影响因素研究[J].现代情报,2021,41(1):78-87.

[45] 廖光继.在线环境下的从众效应及影响因素研究[D].重庆:重庆大学,2018.

[46] 王海宇.基于在线评论的服装品类消费者重复购买的影响因素研究[D].哈尔滨:哈尔滨工程大学,2018.

[47] 杜尚蓉.移动购物中消费者冲动性购买意愿的影响因素研究[D].广州:广东工业大学,2018.

[48] 叶子成,王帮海.基于谱聚类的虚假评论群组检测[J].计算机应用与软件,2021,38(8):175-181.

[49] 陈立荣.虚假评论对消费者购买决策和平台收益的影响研究[D].大连:大连理工大学,2020.

[50] 陈宇峰.采用 CNN-LSTM 与迁移学习的虚假评论检测[J].软件导刊,2022,21(2):63-67.

[51] 魏瑾瑞,徐晓晴.虚假评论、消费决策与产品绩效:虚假评论能产生真实的绩效吗[J].南开管理评论,2020,23(1):189-199.

[52] 周娅,吴昱翰.基于 HDXG 算法的虚假评论识别方法[J].计算机仿真,2020,37(1):473-477.

[53] PANG B, LEE L, VAITHYANATHAN S. Thumbs up?: sentiment classification using machine learning techniques[C]//Proceedings of the ACL-02 Conference on Empirical Methods in Natural Language Processing-EMNLP'02. Not Known. Morristown, NJ, USA: Association for Computational Linguistics,2002:79-86.

[54] TURNEY P D. Thumbs up or thumbs down?: semantic orientation applied to unsupervised classification of reviews[C]//Proceedings of the 40th Annual Meeting on Association for Computational Linguistics-ACL'02. July 7-12, 2002. Philadelphia, Pennsylvania. Morristown, NJ, USA: Association for Computational Linguistics,2001:417-424.

[55] KENNEDY A, INKPEN D. Sentiment classification of movie reviews using contextual valence shifters[J]. Computational Intelligence,2006,22(2):110-125.

[56] 郝苗,陈临强.PMI 与 Hownet 结合的中文微博情感分析[J].电子科技,2021,34(7):50-55.

[57] LI F T, HUANG M L, ZHU X Y. Sentiment analysis with global topics and local dependency [J]. Proceedings of the AAAI Conference on Artificial Intelligence,2010,24(1):1371-1376.

[58] 彭敏,汪清,黄济民,等.基于情感分析技术的股票研究报告分类[J].武汉大学学报(理学版),2015,61(2):124-130.

[59] BARBOSA L,FENG J. Robust sentiment detection on twitter from biased and noisy data［C］//International Conference on Computational Linguists:Posters,2010:36-44.

[60] 潘艳茜,姚天昉.微博汽车领域中用户观点句识别方法的研究[J].中文信息学报,2014,28(5):148-154.

[61] YU X H,LIU Y,HUANG X J,et al. Mining online reviews for predicting sales performance:a case study in the movie domain［J］. IEEE Transactions on Knowledge and Data Engineering,2012,24(4):720-734.

[62] ARAQUE O,ZHU G G,IGLESIAS C A. A semantic similarity-based perspective of affect lexicons for sentiment analysis[J]. Knowledge-Based Systems,2019,165:346-359.

[63] ZHANG Y,JI D H,SU Y,et al. Joint naïve bayes and LDA for unsupervised sentiment analysis[M]//Advances in Knowledge Discovery and Data Mining. Berlin,Heidelberg:Springer Berlin Heidelberg,2013:402-413.

[64] 聂卉.隐主题模型下产品评论观点的凝聚与量化[J].情报学报,2017,36(6):565-573.

[65] 彭云,万红新,钟林辉.一种语义弱监督 LDA 的商品评论细粒度情感分析算法[J].小型微型计算机系统,2018,39(5):978-985.

[66] 崔雪莲,那日萨,刘晓君.基于主题相似性的在线评论情感分析[J].系统管理学报,2018,27(5):821-827.

[67] YIN P,WANG H,GUO K. Feature-opinion pair identification in chinese online reviews based on domain ontology modeling method[J]. Systems Engineering,2013,30(1):68-77.

[68] MA YOU,YUE KUN,ZHANG ZI-CHEN ,et al. Extraction of social media data based on the knowledge graph and LDA model[J]. Journal of East China Normal University,2018(5):132-136.

[69] MESKELE D,FRASINCAR F. ALDONAr:a hybrid solution for sentence-level aspect-based sentiment analysis using a lexicalized domain ontology and a regularized neural attention model［J］. Information Processing & Management,2020,57(3):102211.

[70] 张仰森,郑佳,黄改娟,等.基于双重注意力模型的微博情感分析方法[J].

清华大学学报(自然科学版),2018,58(2):122-130.

[71] 由丽萍,郎宇翔.基于商品评论语义分析的情感知识图谱构建与查询应用[J].情报理论与实践,2018,41(8):132-136.

[72] PAVLOPOULOS J,MALAKASIOTIS P,ANDROUTSOPOULOS I. Deeper attention to abusive user content moderation[C]//Proceedings of the 2017 Conference on Empirical Methods in Natural Language Processing. Copenhagen, Denmark. Stroudsburg, PA, USA: Association for Computational Linguistics,2017:1125-1135.

[73] REZAEINIA S M,RAHMANI R,GHODSI A,et al. Sentiment analysis based on improved pre-trained word embeddings[J]. Expert Systems With Applications,2019,117:139-147.

[74] 何炎祥,孙松涛,牛菲菲,等.用于微博情感分析的一种情感语义增强的深度学习模型[J].计算机学报,2017,40(4):773-790.

[75] 王文凯,王黎明,柴玉梅.基于卷积神经网络和 Tree-LSTM 的微博情感分析[J].计算机应用研究,2019,36(5):1371-1375.

[76] 李丽双,周安桥,刘阳,等.基于动态注意力 GRU 的特定目标情感分类[J].中国科学(信息科学),2019,49(8):1019-1030.

[77] DEVLIN J,CHANG M,LEE K,et al. BERT: pre-training of deep bidirectional transformers for language understanding[EB/OL]. 2018: arXiv:1810.04805. https://arxiv.org/abs/1810.04805.

[78] ZHOU D Y,ZHANG M,ZHANG L H,et al. A neural group-wise sentiment analysis model with data sparsity awareness[J]. Proceedings of the AAAI Conference on Artificial Intelligence, 2021, 35 (16): 14594-14601.

[79] THET T T,NA J C,KHOO C S G. Aspect-based sentiment analysis of movie reviews on discussion boards[J]. Journal of Information Science, 2010,36(6):823-848.

[80] PENG H Y,XU L,BING L D,et al. Knowing what,how and why:a near complete solution for aspect-based sentiment analysis[J]. Proceedings of the AAAI Conference on Artificial Intelligence,2020,34(5):8600-8607.

[81] 郭喜跃,何婷婷.信息抽取研究综述[J].计算机科学,2015,42(2):14-17,38.

[82] 张伟,潘兴明,张海波,等.基于词性标注和规则相结合的信息抽取方法[J].计算机技术与发展,2021,31(10):215-220.

［83］江腾蛟.基于句法和语义挖掘的 Web 金融评论情感分析［D］.南昌:江西财经大学,2015.

［84］李昌兵,段祺俊,纪聪辉,等.融合卡方统计和 TF-IWF 算法的特征提取和短文本分类方法［J］.重庆理工大学学报(自然科学),2021(5):135-140.

［85］孙晓,唐陈意.基于层叠模型细粒度情感要素抽取及倾向分析［J］.模式识别与人工智能,2015,28(6):513-520.

［86］唐莉,刘臣.基于 CRF 和 HITS 算法的特征情感对提取［J］.计算机技术与发展,2019,29(7):71-75.

［87］尹久,池凯凯,宦若虹.基于 ATT-DGRU 的文本方面级别情感分析［J］.计算机科学,2021,48(5):217-224.

［88］滕磊,严馨,徐广义,等.使用胶囊网络的细粒度情感分析方法［J］.小型微型计算机系统,2020,41(12):2550-2556.

［89］ZHOU J,HUANG J X,CHEN Q,et al. Deep learning for aspect-level sentiment classification:survey,vision,and challenges［J］. IEEE Access, 2019,7:78454-78483.

［90］蔡庆平,马海群.基于 Word2Vec 和 CNN 的产品评论细粒度情感分析模型［J］.图书情报工作,2020,64(6):49-58.

［91］余本功,张书文,罗贺,等.基于 BAGCNN 的方面级别情感分析研究［J］.数据分析与知识发现,2021,5(12):37-47.

［92］JUNQI DAI,HANG YAN,TIANXIANG SUN,et al. Does syntax matter? A strong baseline for aspect-based sentiment analysis with RoBERTa［C］//NAACL-HLT,2021:1816-1829.

［93］杜亚楠.基于话题的品牌形象认知及情感分析［D］.合肥:合肥工业大学,2017.

［94］江腾蛟.基于句法和语义挖掘的 Web 金融评论情感分析［D］.南昌:江西财经大学,2015.

［95］彭云.提取商品特征和情感词的语义约束 LDA 模型研究［D］.南昌:江西财经大学,2016.

［96］孙春华.情感表达对在线评论有用性感知的影响研究［D］.合肥:合肥工业大学,2012.

［97］程佳军.基于深度学习的对象级文本情感分析方法研究［D］.长沙:国防科技大学,2018.

［98］刘丽娜.在线中文评论离散情感分析及其影响研究［D］.北京:北京邮电大学,2019.

[99] ZOU L X,XIA L,DING Z Y,et al. Reinforcement learning to optimize long-term user engagement in recommender systems[C]//KDD,2019: 2810-2818.

[100] STAUDEMEYER R C,MORRIS E R. Understanding LSTM—a tutorial into long short-term memory recurrent neural networks[EB/OL]. [2019-09-12]. https://arxiv. org/abs/1909. 09586v1.

[101] GERS F A, SCHMIDHUBER J, CUMMINS F. Learning to forget: continual prediction with LSTM[J]. Neural Computation,2000,12(10): 2451-2471.

[102] LIU P F,JOTY S,MENG H. Fine-grained opinion mining with recurrent neural networks and word embeddings[C]//Proceedings of the 2015 Conference on Empirical Methods in Natural Language Processing. Lisbon,Portugal. Stroudsburg,PA,USA:Association for Computational Linguistics,2015:1433-1443.

[103] CHO K, VAN MERRIENBOER B, GULCEHRE C, et al. Learning phrase representations using RNN encoder-decoder for statistical machine translation[C]//Proceedings of the 2014 Conference on Empirical Methods in Natural Language Processing (EMNLP). Doha, Qatar. Stroudsburg, PA, USA: Association for Computational Linguistics,2014:1724-1734.

[104] VASWANI A,SHAZEER N,PARMAR N,et al. Attention is all you need[EB/OL]. 2017: arXiv: 1706. 03762. https://arxiv. org/abs/ 1706. 03762.

[105] LI J, MONROE W, JURAFSKY D. Understanding neural networks through representation erasure[EB/OL]. 2016: arXiv: 1612. 08220. https://arxiv. org/abs/1612. 08220.

[106] CHAUDHARI S, MITHAL V, POLATKAN G, et al. An attentive survey of attention models[J]. ACM Transactions on Intelligent Systems and Technology,12(5):1-32.

[107] HE K M,ZHANG X Y,REN S Q,et al. Deep residual learning for image recognition[C]//2016 IEEE Conference on Computer Vision and Pattern Recognition (CVPR). June 27-30,2016, Las Vegas, NV, USA. IEEE, 2016:770-778.

[108] VELIČKOVIĆ P, CUCURULL G, CASANOVA A, et al. Graph

attention networks[EB/OL]. 2017：arXiv：1710. 10903. https：//arxiv. org/abs/1710. 10903.

[109] RADFORD A，NARASIMHAN K，SALIMANS T，et al. Improving language understanding by generative pre-training[J]. 2018.

[110] RADFORD A，WU J，CHILD R，et al. Language models are unsupervised multitask learners[J]. OpenAI Blog,2019,1(8):9.

[111] YANG Z, DAI Z, YANG Y, et al. XLNet：generalized autoregressive pretraining for language understanding[J]. Advances in Neural Information Processing Systems,2019,32：5753-5763.

[112] ZHANG Z Y，HAN X，LIU Z Y，et al. ERNIE：enhanced language representation with informative entities[C]//Proceedings of the 57th Annual Meeting of the Association for Computational Linguistics. Florence,Italy. Stroudsburg,PA,USA：Association for Computational Linguistics,2019:1441-1451.

[113] LAN Z,CHEN M,GOODMAN S,et al. ALBERT：a lite BERT for self-supervised learning of language representations [C]//International Conference on Learning Representations,2019.

[114] 王昆. 基于混合神经网络和 BERT 的文本方面级情感分析研究[D]. 武汉：华中师范大学,2020.

[115] 吕华揆,洪亮,马费成. 金融股权知识图谱构建与应用[J]. 数据分析与知识发现,2020,4(5):27-37.

[116] 姚娟. 基于深度学习的实体关系抽取和知识图谱补全方法的研究[D]. 秦皇岛：燕山大学,2019.

[117] 汤伟韬,余敦辉,魏世伟. 融合知识图谱与用户评论的商品推荐算法[J]. 计算机工程,2020,46(8):93-100.

[118] 刘欢,李晓戈,胡立坤,等. 基于知识图谱驱动的图神经网络推荐模型[J]. 计算机应用,2021,41(7):1865-1870.

[119] LI Z Y，DING X，LIU T. Constructing narrative event evolutionary graph for script event prediction [C]//Proceedings of the 27th International Joint Conference on Artificial Intelligence. New York：ACM,2018:4201-4207.

[120] 陈璟浩,曾桢,李纲. 基于知识图谱的"一带一路"投资问答系统构建[J]. 图书情报工作,2020,64(12):95-105.

[121] 昝红英,窦华溢,贾玉祥,等. 基于多来源文本的中文医学知识图谱的构建

[J].郑州大学学报(理学版),2020,52(2):45-51.

[122] 龚乐君,杨璐,高志宏,等.LncRNA 与疾病关系的知识图谱构建[J].山东大学学报(工学版),2021,51(2):26-33.

[123] 袁培森,李润隆,王翀,等.基于 BERT 的水稻表型知识图谱实体关系抽取研究[J].农业机械学报,2021,52(5):151-158.

[124] QIAO B, FANG K, CHEN Y M, et al. Building thesaurus-based knowledge graph based on schema layer[J]. Cluster Computing,2017,20(1):81-91.

[125] 王莉,王建平,许娜,等.基于知识图谱的地铁工程事故知识建模与分析[J].土木工程与管理学报,2019,36(5):109-114.

[126] 王忠群,叶安杰,皇苏斌,等.基于知识图谱的在线商品评论可信性排序研究[J].情报理论与实践,2020,43(8):134-139.

[127] 汤伟韬,余敦辉,魏世伟.融合知识图谱与用户评论的商品推荐算法[J].计算机工程,2020,46(8):93-100.

[128] 张永平,朱艳辉,朱道杰,等.基于本体特征的汽车领域命名实体识别[J].湖南工业大学学报,2016,30(6):39-43.

[129] CUI Y M, CHE W X, LIU T, et al. Pre-training with whole word masking for Chinese BERT[J]. IEEE/ACM Transactions on Audio, Speech, and Language Processing,2021,29:3504-3514.

[130] 孙茂松,陈新雄.借重于人工知识库的词和义项的向量表示:以 HowNet 为例[J].中文信息学报,2016,30(6):1-6.

[131] LIU W J, ZHOU P, ZHAO Z, et al. K-BERT:enabling language representation with knowledge graph[J]. Proceedings of the AAAI Conference on Artificial Intelligence,2020,34(3):2901-2908.

[132] SUN C, QIU X P, XU Y G, et al. How to fine-tune BERT for text classification? [M]//Lecture Notes in Computer Science. Cham: Springer International Publishing,2019:194-206.

[133] YAN H,DAI J Q,JI T,et al. A unified generative framework for aspect-based sentiment analysis[C]//Proceedings of the 59th Annual Meeting of the Association for Computational Linguistics and the 11th International Joint Conference on Natural Language Processing (Volume 1: Long Papers). Online. Stroudsburg, PA, USA:Association for Computational Linguistics,2021:2416-2429.

[134] 刘一佳,车万翔,刘挺,等.基于序列标注的中文分词、词性标注模型比较

分析[J]. 中文信息学报,2013,27(4):30-36.

[135] 王晓浪,邓蔚,胡峰,等. 基于序列标注的事件联合抽取方法[J]. 重庆邮电大学学报(自然科学版),2020,32(5):884-890.

[136] XU L, TONG Y, DONG Q, et al. CLUENER2020: fine-grained named entity recognition dataset and benchmark for chinese[EB/OL]. 2020: arXiv:2001.04351. https://arxiv.org/abs/2001.04351.

[137] YAN H, DAI J, JI T, et al. A unified generative framework for aspect-based sentiment analysis[EB/OL]. 2021: arXiv: 2106.04300. https://arxiv.org/abs/2106.04300.

[138] 何军. 方面级情感分析技术研究[D]. 武汉:华中师范大学,2020.

[139] FAN R, WANG Y F, HE T T. An end-to-end multi-task learning network with scope controller for emotion-cause pair extraction[M]//Natural Language Processing and Chinese Computing. Cham: Springer International Publishing,2020:764-776.

[140] LAFFERTY J D, MCCALLUM A, PEREIRA F C N. Conditional random fields:probabilistic models for segmenting and labeling sequence data[C]//Proceedings of the Eighteenth International Conference on Machine Learning. New York:ACM,2001:282-289.

[141] 唐晓波,刘一平. 基于依存句法的跨语言细粒度情感分析[J]. 情报理论与实践,2018,41(6):124-129.

[142] LI X, BING L, ZHANG W, et al. Exploiting BERT for end-to-end aspect-based sentiment analysis[EB/OL]. 2019: arXiv:1910.00883. https://arxiv.org/abs/1910.00883.

[143] YAN X Y, JIAN F H, SUN B. SAKG-BERT: enabling language representation with knowledge graphs for Chinese sentiment analysis [J]. IEEE Access,2021,9:101695-101701.

[144] RUIFAN LI, HAO CHEN, FANGXIANG FENG, et al. Dual graph convolutional networks for aspect-based sentiment analysis [C]//Proceedings of the 59th Annual Meeting of the Association for Computational Linguistics and the 11th International Joint Conference on Natural Language Processing ,2021: 6319-6329.

[145] WANG K, SHEN W, YANG Y, et al. Relational graph attention network for aspect-based sentiment analysis [EB/OL]. 2020: arXiv:2004.12362. https://arxiv.org/abs/2004.12362.

[146] 张瑾,段利国,李爱萍,等.基于注意力与门控机制相结合的细粒度情感分析[J].计算机科学,2021,48(8):8.

[147] 陈卓,李涵,杜军威.基于异质图神经网络的推荐算法研究[J].湖南大学学报(自然科学版),2021,48(10):137-144.

[148] 侯美好.基于图神经网络的药物不良相互作用预测[D].济南:山东大学,2020.

[149] 李晓寒,王俊,贾华丁,等.基于多重注意力机制的图神经网络股市波动预测方法[J].计算机应用,2022(7):2265-2273.

[150] SUN K, ZHANG R, MENSAH S, et al. Aspect-level sentiment analysis via convolution over dependency tree[C]// EMNLP/IJCNLP, 2019: 5678-5687.

[151] 巫浩盛,缪裕青,张万桢,等.基于距离与图卷积网络的方面级情感分析[J].计算机应用研究,2021,38(11):3274-3278,3321.

[152] 杨春霞,徐奔,陈启岗,等.融合深度 BiGRU 与全局图卷积的方面级情感分析模型[J].小型微型计算机系统,2023,44(1):132-139.

[153] XIAO Y, ZHOU G Y. Syntactic edge-enhanced graph convolutional networks for aspect-level sentiment classification with interactive attention[J]. IEEE Access, 2020, 8: 157068-157080.

[154] HUANG L, SUN X, LI S, et al. Syntax-aware graph attention network for aspect-level sentiment classification[C]//COLING, 2020: 799-810.

[155] 王光,李鸿宇,邱云飞,等.基于图卷积记忆网络的方面级情感分类[J].中文信息学报,2021,35(8):98-106.

[156] WANG K, SHEN W, YANG Y, et al. Relational graph attention network for aspect-based sentiment analysis[EB/OL]. 2020: arXiv: 2004.12362. https://arxiv.org/abs/2004.12362.

[157] 欧阳纯萍,邹康,刘永彬,等.融合多跳关系标签与依存句法结构信息的事件检测模型[J].计算机应用研究,2022,39(1):43-47,53.

[158] 秦晓慧,侯霞,赵雪.一种融合语义角色和依存句法的实体关系抽取算法[J].北京信息科技大学学报(自然科学版),2019,34(1):64-67.98.

[159] 宗成庆.统计自然语言处理[M].2版.北京:清华大学出版社,2013.

[160] 张文轩,殷雁君.基于依存树增强注意力模型的方面级情感分析[J].计算机应用研究,2022,39(6):1656-1662.